汉竹主编●健康爱家系列

# 新手养多肉零失败

王意成 编著

江苏凤凰科学技术出版社
全国百佳图书出版单位
·南京·

**图书在版编目（CIP）数据**

新手养多肉零失败 / 王意成编著 .— 南京 : 江苏凤凰科学技术出版社，2021.04
（汉竹 · 健康爱家系列）
ISBN 978-7-5713-1755-3

Ⅰ. ①新… Ⅱ. ①王… Ⅲ. ①多浆植物—观赏园艺 Ⅳ. ① S682.33

中国版本图书馆 CIP 数据核字（2021）第012644号

中国健康生活图书实力品牌

**新手养多肉零失败**

| | |
|---|---|
| **编　　著** | 王意成 |
| **主　　编** | 汉　竹 |
| **责任编辑** | 刘玉锋 |
| **特邀编辑** | 牛梦月 |
| **责任校对** | 仲　敏 |
| **责任监制** | 刘文洋 |
| **出版发行** | 江苏凤凰科学技术出版社 |
| **出版社地址** | 南京市湖南路1号A楼，邮编：210009 |
| **出版社网址** | http://www.pspress.cn |
| **印　　刷** | 合肥精艺印刷有限公司 |
| **开　　本** | 787 mm × 1 092 mm　1/16 |
| **印　　张** | 10 |
| **字　　数** | 150 000 |
| **版　　次** | 2021年4月第1版 |
| **印　　次** | 2021年4月第1次印刷 |
| **标准书号** | ISBN 978-7-5713-1755-3 |
| **定　　价** | 39.80元 |

图书如有印装质量问题，可向我社出版科调换。

# 导 读

养多肉植物的新手们常常疑惑：明明对多肉们关爱有加，可是它们还是没精打采的，不是掉叶子，就是变得软趴趴。再看看别人家的多肉美若天仙，不禁哀叹："拿什么拯救你，我亲爱的多肉啊！"

如果有本书，能让困惑不已的你迅速成为"养肉"高手，你吃惊吗？

不必惊奇！这本书一步一图地教你简单易行的买多肉、养多肉方法，并告诉你那些老花匠亲身总结的多肉个性养护方案，让多肉们不徒长、不掉叶，爆盆只是小意思。还能让传说中果冻色的多肉，出自你的手！更有专家面传心授，帮你轻松应对多肉们的小性子。让所有新手遇到的问题，都不再是问题！

看完这本书，你会发现多肉养护，就三步：买多肉，带回家，找个位置放好它。瞧，"养肉"真的没有那么难！本书为了方便阅读，养多肉植物简称为"养多肉""养肉"，多肉植物简称为"多肉""肉"。

来吧，跟着本书，让"养肉"新手的你一步一步走进多肉的美丽世界。

## 熊童子

*Cotyledon tomentosa*

### 胖胖的熊爪子

养护难度★★★

景天科银波锦属，原产于南非。毛茸茸的株形如同小熊掌一般，翠绿可爱，新奇别致，是当下非常受欢迎的多肉品种。

## 初恋

*Echeveria 'Huthspinke'*

### 给你初恋般的感觉

养护难度★★★

景天科石莲花属，为石莲花属的栽培品种。生长期摆放阳光充足和通风处，叶片容易变成粉红色，宛若陷入初恋的少女。

## 唐印

*Kalanchoe thyrsifolia*

### 冬季里的一抹红

养护难度★★★
景天科伽蓝菜属，原产于南非。叶片卵形至披针形，浅绿色，具白霜。冬季在温差大和明亮光照下叶片会变成红色。

## 照波

*Bergeranthus multiceps*

### 萌肉中的小仙女

养护难度★★★
番杏科照波属，原产于南非。又名仙女花，叶片肥厚多汁，清雅别致，花色金黄，灼灼耀眼，十分惹人喜爱。

## 玉蝶

*Echeveria glauca*

永不败的莲花

养护难度★★★

景天科石莲花属，原产于墨西哥。几十枚匙形叶片组成莲座状叶盘，似一朵美丽的莲花，常用于多肉的组合盆栽中。

## 福寿玉

*Lithops eberlanzii*

沙漠里的生命石头

养护难度★★★★

番杏科生石花属，原产于南非。其外形和色泽酷似彩色卵石，花朵呈雏菊状、白色，是世界著名的小型多肉植物。

## 虹之玉

*Sedum rubrotinctum*

### 阳光下的珍宝

养护难度★★★
景天科景天属，原产于墨西哥。秋季在阳光下由绿转红，热闹非凡。在我国又叫“耳坠草”，西方人给它取名为“圣诞快乐”。

## 星美人

*Pachyphytum oviferum*

### 肥嘟嘟的小可爱

养护难度★★
景天科厚叶草属，原产于墨西哥。株形浑圆可爱，叶色青翠，上披白霜，是景天科的经典品种。盆栽点缀窗台、阳台、茶几和桌台，清新悦目，清秀典雅。

# 目录

## 第一章
## 养自己的多肉，就三步

### 1. 买喜爱的多肉



### 2. 多肉进家



### 3. 懒人护理

熊童子

# 第二章
## 新手首选的易养多肉

### 超好养活，多肉自己能生长



### 超好繁殖，生出一堆小多肉



萌萌的多肉们正在袭来，亲，你能掌握要领吗？

山地玫瑰

花月夜

卷绢锦

## 超易爆盆，养出成就感



## 好看特别，爱上你的多肉

## 多肉开花，看着就会充满爱

玉蝶花朵

白花韧锦开花

灯泡

丸叶桃蛋

# 第三章
# 玩多肉，做合格的多肉家长

## 掌上花园，多肉爱热闹



## 会繁殖，养出多肉大家族

## 和多肉一起爱上四季

## 附录

玉蝶叶插幼苗

罗密欧

蓝石莲

# 第一章
# 养自己的多肉，就三步

# 1. 买喜爱的多肉

## 上哪买？如何挑？

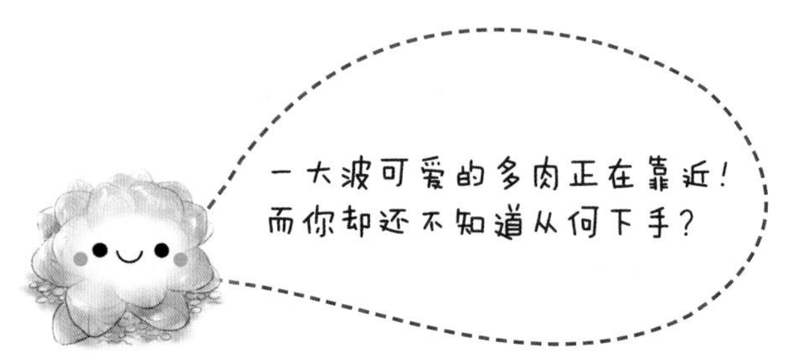

### 到花市、超市、花店购买多肉

**优势**

❶ 能够直接识别多肉的品种。
❷ 更容易买到健康、优质的多肉。

**缺点**

❶ 容易将病虫带回家。
❷ 价格波动大，新手难以把握，易多花钱。

▲ 花市的多肉们。

### 到网店、论坛购买多肉

**优势**

❶ 购买简单，品种齐全，足不出户就能买到多肉。
❷ 比价方便，价格较合理，还能与网上好友互相交流买肉、养肉经验。

**缺点**

❶ 无法直接看到多肉，不易判断植株大小、健康等情况。
❷ 若买卖双方所处地域不同，多肉需要较长时间适应新环境和恢复。
❸ 快递过程中，多肉很容易受伤。

## 这样的多肉品质好

▼ 月影。 ▼ 琉璃殿锦。 ▼ 假明镜。 ▼ 金琥。

植株端正；叶片多而肥厚，叶色清新。

植株健壮；叶片无缺损，无焦斑，无病虫害。

多头的多肉植物比单头的性价比更高。

刺密集，无缺损，无病虫害；球体丰满，无老化症状。

## 这样的多肉谨慎买

▼ 爱染锦。 ▼ 姬胧月。 ▼ 冰莓。 ▼ 虎尾兰。

生长不均 根茎徒长 穿裙子[1] 病虫害

### 新手购买小贴士

1. 春秋季购买为宜，避开冬夏季。多肉植物一般冬夏季生长欠佳，所以人们很难买到理想的多肉。

2. 不要一次性购买太多的多肉，以 2 或 3 盆为宜。经验需要慢慢积累。

3. 初次购买不要买价格太高或比较珍贵的品种，否则初次养肉失败，很容易导致养肉信心受损。

4. 买回家的多肉植物需要主人的精心呵护才能越长越漂亮。

① 多肉“穿裙子”指叶片下翻的状态，具体内容见本书第46页“多肉‘穿裙子’了怎么办?”

# 刷子、剪刀和镊子

## 养多肉常用工具

**小型喷雾器：**当空气干燥时，向叶面和盆器周围喷雾，用于增加空气湿度。同时，喷雾器还可用作喷药和喷肥。

**浇水壶：**推荐使用挤压式弯嘴壶，可控制水量，防止水大伤根，同时也可避免水浇灌到植株上，防止叶片腐烂。浇水时沿盆器边缘浇灌即可。对于瓶景中的多肉植物以及迷你多肉植物，更适合选择滴管浇水。

**小铲：**用于搅拌栽培土壤，或换盆时铲土、脱盆、加土等。一般养多肉的盆并不大，推荐使用迷你工具。

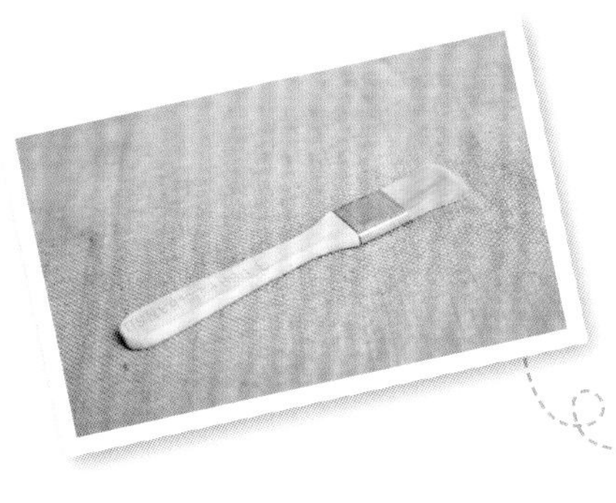

**刷子**：可以用牙刷或毛笔等替代，用来刷去植物上的灰尘、土粒、脏物，清除植物上的虫卵。

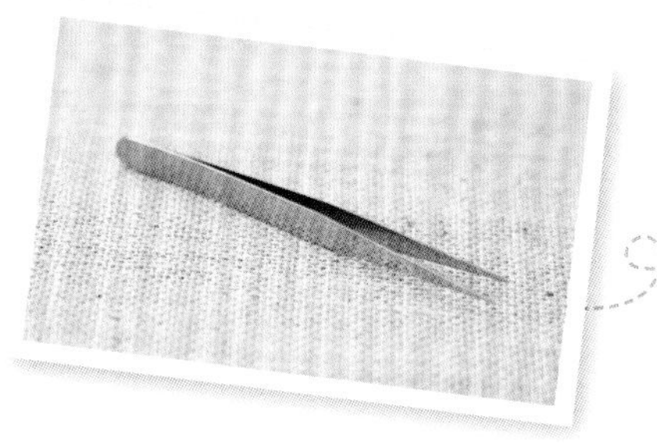

**镊子**：清除枯叶，扦插多肉，也可用于清除虫卵。

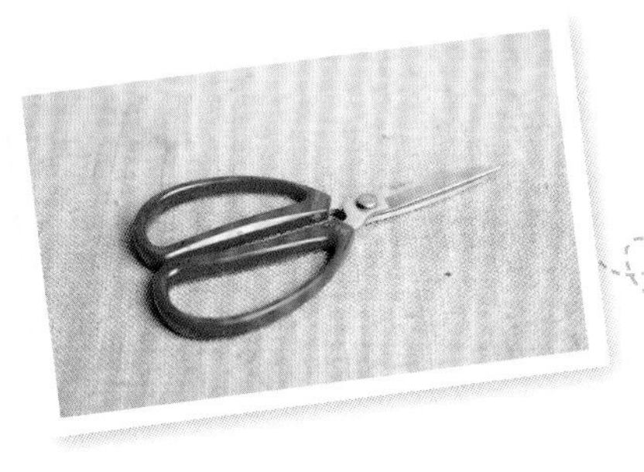

**剪刀**：修剪整形，一般在修根及扦插时使用。

**竹签**：可用来测试盆土湿度。将竹签插入盆土中，拔出时如果没有将盆土带出，则表示盆土干燥，可以浇水了。

# 爱它就给它适宜的土

## 养多肉常用土壤

**肥沃园土**：指经过改良、施肥和精耕细作的菜园或花园中的肥沃土壤，是一种已去除杂草根、碎石子且无虫卵的，并经过打碎、过筛的微酸性土壤。

**腐叶土**：是由枯枝落叶和腐烂根组成的腐叶土，它具有丰富的腐殖质和良好的物理性能，有利于保肥和排水，土质疏松、偏酸性。也可堆积落叶，发酵腐熟而成。

**培养土**：将一层青草、枯叶、打碎的树枝与一层普通园土堆积起来，浇入腐熟饼肥，让其发酵、腐熟后，再打碎过筛制作而成。

**泥炭土**：古代湖沼地带的植物被埋藏在地下，在淹水和缺少空气的条件下，分解为不完全的特殊有机物。泥炭土有机质丰富，较难分解。

**粗沙**：主要是直径2~3毫米的沙粒，呈中性。粗沙不含任何营养物质，具有通气和透水作用。

**苔藓**：一种又粗又长、耐拉力强的植物性材料，具有疏松、透气和保湿性强等优点。

**蛭石**：硅酸盐材料在800~1100℃下加热形成的云母状物质，通气性好、孔隙度大以及持水能力强，但长期使用容易致密，影响通气和排水效果。

**珍珠岩**：天然的铝硅化合物，是由粉碎的岩浆岩加热至1000℃以上所形成的膨胀材料，具有封闭的多孔性结构。材料较轻，通气良好。

## 多肉植物的土壤配方

**一般多肉植物**：肥沃园土、泥炭土、粗沙、珍珠岩各1份。

**生石花类多肉植物**：细园土1份，粗沙1份，椰糠1份，砻糠灰少许。

**根比较细的多肉植物**：泥炭土6份，珍珠岩2份，粗沙2份。

**生长较慢、肉质根的多肉植物**：粗沙6份，蛭石1份，颗粒土2份，泥炭土1份。

**大戟科多肉植物**：泥炭土2份，蛭石1份，肥沃园土2份，细砾石3份。

**小型叶多肉植物**：腐叶土2份，粗沙2份，谷壳炭1份。

## 配土演示

### 一般多肉植物

一般多肉植物喜欢肥沃园土、泥炭土、粗沙和珍珠岩以1:1:1:1配比的混合土。这种混合土含一定腐殖质，且排水性较好，适合大多数多肉植物的生长要求。

### 生长较慢、肉质根的多肉植物

生长较慢、肉质根的多肉植物对腐殖质要求不高，但需要很好的通气性和排水性，因此用6:1:2:1的粗沙、蛭石、颗粒土和泥炭土的混合土较适宜。

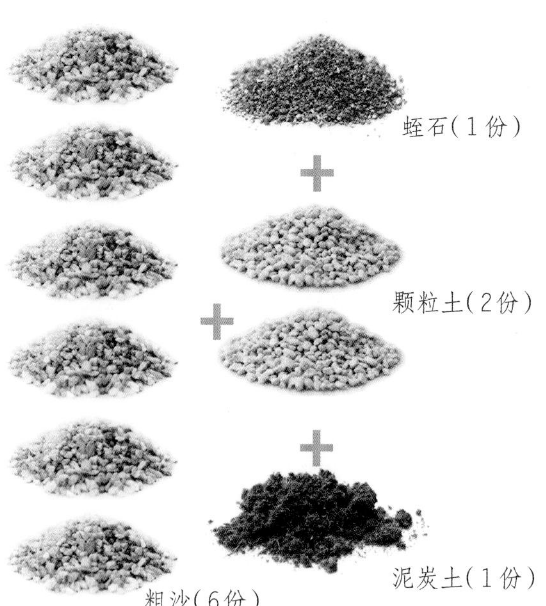

**茎干状多肉植物**：腐叶土2份，粗沙2份，壤土、谷壳炭、碎砖渣各1份。

**球形强刺类仙人掌**：用肥沃园土、腐叶土、粗沙加少量骨粉和干牛粪的混合土壤。

**附生类仙人掌**：用腐叶土或泥炭土、粗沙加少量骨粉的混合土壤。

**柱状仙人掌**：用培养土、粗沙和少量骨粉的混合土壤。

多肉植物的盆栽土壤，一般要求疏松透气、排水要好，含适量的腐殖质，以中性土壤为宜。而少数多肉植物，如虎尾兰属、沙漠玫瑰属、千里光属、亚龙木属、十二卷属等植物需微碱性土壤，番杏科的天女属则喜欢碱性土壤。在使用所有栽培土壤之前，均须严格消毒。使用时，在栽培土壤上喷水，搅拌均匀，调节好土壤湿度后上盆。

◀陶粒土、腐叶土、培养土等均属排水性较好的土壤，是大多数多肉的配土好选择。

# 多肉配盆

## 常见的多肉盆

▼ 青星美人。

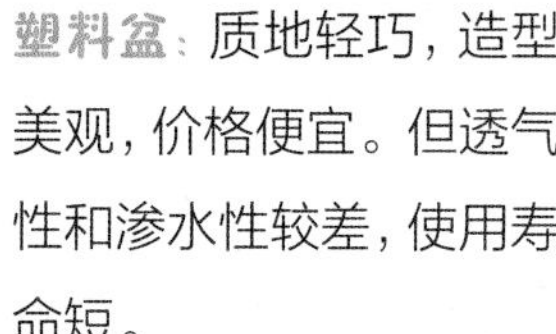

**塑料盆**：质地轻巧，造型美观，价格便宜。但透气性和渗水性较差，使用寿命短。

▼ 九轮塔。

**陶盆**：透气、透水性能好，盆器有重量，植株不易倾倒。但盆器重，易破损，搬运不方便。

▼ 紫珍珠。

**瓷盆**：制作精细，涂有各色彩釉，比较漂亮，常用于作套盆。但透气性和渗水性差，极易受损。

◀ 多肉组合。

**木盆**：常用柚木制作，呈现出非常优雅的线条和纹理，具有田园风情。但较容易腐烂损坏，使用寿命短。

▼江户紫。

**紫砂盆**：外形美观雅致。但价格昂贵，透气性和渗水性差，容易损坏。

▼虹之玉。

**玻璃盆**：造型别致，规格多样。但非常容易破损。

除此以外，还有铁盆、卡通盆、金属套盆和藤柳套盆等，都是近年来非常时尚的多肉花盆，可以改变和提高室内植物的装饰效果，塑造出不同的风格和品位。

铁盆

▲银星。

▲火祭。

藤柳套盆

▲长寿花。

### 选盆小贴士

选盆时要注意小苗不要栽大盆，大苗不要用小盆，以苗株外缘距盆口至少1厘米为宜。

# 2. 多肉进家

## 先让多肉熟悉一下家里的环境

刚刚来到新环境的多肉植物，由于购买地的环境和家居室内环境有差别，一般需要1~2周来适应。恢复期的多肉植物，容易出现掉叶、叶片变软等不良状态。

### 刚进家门的多肉养护要点

❶ 将多肉植物摆放在阳光充足且有纱帘的窗台或阳台，忌阳光过强或光线不足的场所。

❷ 不要立即浇水，先放一阵子，等多肉植物恢复生长后再正常浇水。可以向花盆周围喷喷雾，让整个空气的湿度大一点。

## 适应环境后的多肉养护要点

❶ 防止雨淋。雨水过多容易导致多肉植物徒长或腐烂。

❷ 注意水、肥、泥等不要玷污叶片。

❸ 浇水不需多，盆土保持稍湿润即可。夏季高温干燥时，大部分多肉处于半休眠或休眠状态，不宜多浇水，可向植株周围喷雾降温，切忌向叶面喷水。

❹ 少搬动，防止掉叶或根系受损。

❺ 需放温暖、光线充足处越冬。

❶ 讨厌淋雨。

❷ 喜欢干干净净；讨厌身上有东西。

❸ 讨厌水直接喷在身上。



❹ 讨厌被搬来搬去。

❺ 冬天害怕寒冷；喜欢温暖、光线充足的室内。

# 清理根，不要让虫子伤害它

休养一段时间后，可以开始为多肉们做身体检查了。

首先需要清理根系。根系健康与否会影响多肉植物整体的生长状态。多肉植物生长所需要的营养基本都是由根系输送到全株的。如果根系感染了病虫害，很快就会影响到整个植株。因此只有根系健壮了，多肉们才会健康生长。

清理根，就是对老根、烂根和过密的根系适当进行疏剪整理的过程。

## 清理根的过程

**工具** 小铲、镊子、剪刀、小刷子、棉球、平浅小盘、多菌灵溶液

**步骤**

❶ 轻轻敲打花盆。

❷ 将镊子（或小铲）从花盆边插入。

❸ 自下而上将多肉推出。

❹ 用手轻轻地将根部所有土壤去除。

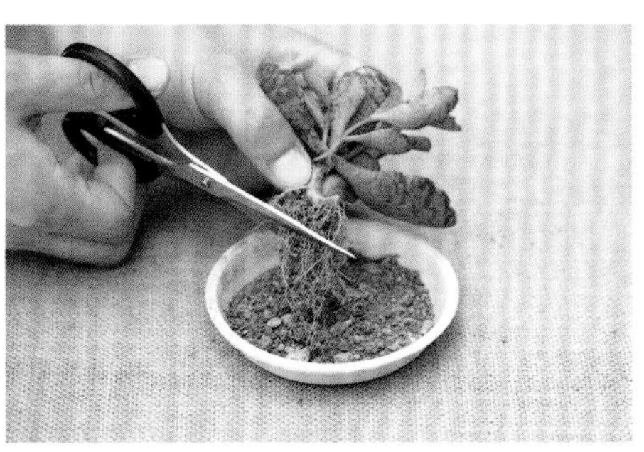

❺ 用剪刀剪去所有老根、枯叶。

❻ 重点检查根系和叶片背面。若有虫子可用小刷子（或镊子）将虫子去除。

❼ 按 1：1000 稀释多菌灵溶液。

❽ 浸泡多肉。无论有没有病虫，都建议用多菌灵溶液浸泡，可以强健多肉们的体魄。

❾ 用棉球擦拭干净。

❿ 晾晒多肉。未经晾干就上盆的多肉容易体弱多病，建议摆放在通风良好、空气干燥处，避免阳光直射。

# 换新盆，插入土里就生根

多肉植物原产地范围广，生长周期也有很大差别。

如大戟科的麻疯树属、单腺戟属、大戟属，龙舌兰科，龙树科和夹竹桃科等种类的生长期为春季至秋季，冬季低温时呈休眠状态，夏季一般能正常生长，称为“夏型种”，这类植物在春季3月份换盆比较好。

而生长季节是秋季至翌年春季，夏季一般休眠的多肉植物，即“冬型种”，如番杏科的大部分种类，回欢草属的小叶种，景天科的青锁龙属、银波锦属、瓦松属的部分种类等，它们宜在秋季9月份换盆。

其他多肉植物的生长期主要在春季和秋季，夏季高温时，生长稍有停滞，这类多肉植物也以春季换盆为宜。

因此，带多肉回家的季节建议选择春秋季，这样可以及时换盆，有益多肉们的身体健康。

▲ 中间型种“月兔耳”。

▲ 夏型种“白牡丹”。

▲ 冬型种“桃美人”。

一般情况下，多肉栽培一年以后也需要换盆。此时盆中养分趋向耗尽，土壤也会变得板结，透气和透水性差，多肉植物的根系又充塞盆内，急需改善根部的栽培环境。一般多肉植物是在每年春季4~5月之间，气温达到15℃左右时，换盆为佳。而一些大戟科、萝藦科的多肉们，本身根很粗又很少，可以2~3年或更长时间换盆1次。换盆时不需剪根、晾根，尽量少伤根，换盆后适量浇水，放半阴处养护。

刚刚换盆的多肉植物容易出现茎秆变软或不停掉叶子的现象。多是由于在换盆的过程中，多肉植物的根系受到伤害，而使根系不能正常吸收水分所致。进入新盆后，多肉植物需要经历1~2周缓根的过程才能恢复正常。在此过程中，不要多浇水，平日里喷喷雾即可，以增加周围的空气湿度。

## 换盆过程

**工具** 小铲、装有土壤的陶盆、铺面小石子

**准备工作**

❶ 好土壤，才有好多肉

为多肉挑选合适的土壤方案，并对土壤进行高温消毒、晾干、喷水，注意调节好土壤的湿润度。

❷ 为多肉选好盆

除少数有肉质根和高大柱状的多肉品种可用深盆以外，大多数多肉宜用浅盆，或直接将多肉摆放在土壤上即可。新手养肉不妨选择底部有孔的陶盆。

**请多肉入盆**

❶ 选择合适的位置摆放多肉植物。

❷ 一边加土，一边轻提多肉植物。

❸ 土加至离盆口 2 厘米处为止，不宜过满。

❹ 铺上一层白色（或彩色）的小石子，既可降低土温，又能支撑株体，还可提高观赏效果。

❺ 换盆完成。用刷子清理干净多肉表面和盆边泥土后，放半阴处养护。

# 别让新手问题冤死你的多肉

## 1. 种多肉用的盆一定要有孔吗?

多肉生命力顽强，对盆器的要求并不高，所以养多肉的盆器可以多种多样。但要注意的是，在没有孔的盆器中，多肉的浇水量一定不能多。因为多肉本身的需水量不高，在没有孔的盆器中，水分既漏不出来，又蒸发不多，水浇多了极易伤害多肉。

## 2. “砍头”后的多肉如何生根?

将砍下的多肉反过来晾干，一般软质多肉植物晾1周左右，硬质多肉植物晾两三天即可。准备稍湿润沙土，将头放在沙土上。等待生根的多肉只要喷雾即可，可根据具体的天气情况调节喷雾量，如梅雨季可不喷雾，而空气较干燥的环境则加喷1次。一般来说，软质多肉植物1周喷雾1次，硬质多肉植物两三天喷雾1次。

▲砍头晾干后扦插的多肉。

## 3. 多肉的浇水和日照需求都不一样，那可以混在一起栽吗？混栽的多肉怎么养护?

◀条纹十二卷、红卷绢、屋卷绢习性相似，组合栽种能更好生长。

目前，多肉的组合盆栽应用十分普遍，为了养护上的方便，在选用多肉种类时，除了考虑层次感、艺术感外，尽量选择需水量和日照喜好较为一致的多肉品种，这样养护起来比较方便。譬如硬质叶和软质叶的种类，夏型种和冬型种的种类，尽可能分开，组成不同的组合盆栽。

## 4.多肉叶子干枯可以浇水吗？

▲ 暴晒后发红的叶子切忌浇水。

有些多肉种类叶色暗红，叶尖及老叶干枯，有人认为是植株的缺水现象。其实多肉植物在阳光暴晒或根部腐烂等情况下也会发生上述现象，此时若浇水对多肉植物不利。因此，浇水前首先要学会仔细观察和正确判断。一般情况下，气温高时多浇水，气温低时少浇水，阴雨天不浇水。

## 5.多肉掉叶子怎么办？

▲ 绿龟之卵碰掉的叶片长成的新植株。

有的多肉由于叶柄比较小，且叶片圆圆的，因而一碰就容易掉叶，比如绿龟之卵、虹之玉。不用担心，尤其像虹之玉，它的生命力非常顽强，掉下来的叶子也会生根发芽。但有时候多肉掉叶子就有可能是根部出现了问题。根部出现问题的多肉，一般叶片会萎缩而导致脱落，这种情况下修剪根部是较好的办法。

## 6.多肉不晒太阳能不能存活？

多肉植物是一种喜光的植物，但不喜欢强光，把它放在阴暗的环境也可以生长，但是会徒长，株型不好看。

▲ 只有照射充足阳光后，玉珠帘的叶片才会展现肥嘟嘟的可爱一面。

## 7. 多肉怎么变色了？

大部分多肉都是会变色的，这主要是由光照的强度和温度变化导致的。阳光充足时，多肉叶色会变得鲜艳，而长期晒不到阳光，叶色就会暗淡。此外，在秋天温度变化较大时，多肉会变色，长期处于室内的多肉是不太容易变色的。

▲ 火祭秋季摆在室外，易由绿变红。

## 8. 多肉上落了灰尘怎么办？

多肉表面落上灰尘、土粒、碎物或生有虫斑等脏物，会直接影响其观赏性，可用松软的毛笔或柔软的细刷，慢慢地来回轻刷，特别是生有细毛或表面有白霜的品种，操作时要特别细心。

▲ 落了脏的清诸莲需要细刷帮忙清理干净。

## 9. 盆土太松，多肉待不住怎么办？

可以在盆土上铺一层白色小石子，既可降低土温，又能支撑株体，还可提高观赏效果。

## 10. 多肉是放在室内养护好，还是露养好？

大多数多肉植物的生长习性是喜干怕湿，在原产地多生长于干旱少雨的露天，但如今的栽培地域气候各不相同。以中国为例，除少数种类在个别地区适合露天生长外，多数种类常被列为室内植物，以便控制其生长环境中的过多雨量和过强光照。因此，养多肉时以在室内养护为好。但长期在室内也容易导致多肉状态不佳，甚至由于通风不畅，发生虫害。所以每隔一段时间可以将多肉放置室外照料几天。

## 11. 石莲花上的白粉需要擦除吗？

▲ 密布白粉的石莲花更美丽。

石莲花上的白粉是不能用手碰的，它同雪莲、厚叶草等多肉植物一样，其观赏性就在于多肉上的白粉，手一碰就会把指纹留在上面。在平日养护时，可以戴手套或者用镊子完成，以较大程度地保持多肉的美观与完整性。

## 12. 如何判断多肉是否“仙去”？

主要看多肉萎缩的程度，完全萎缩的多肉就是已经“仙去”了，但是只要还有一点没有萎缩，就有一线生机，精心呵护就有可能活过来。

▲ 已“仙去”的卷绢。

▲ 尚有希望的卷绢。

## 13. 什么时候给多肉换盆比较好？

给多肉换盆可以分为以下两个较好的时期：一个是春末至夏初这个时间段，因为这个时候的温度、光线和水分都比较适合，特别是温度。换盆后的多肉比较脆弱，夏初温度适宜，多肉可以较好地恢复，而如果秋季换盆，那么正处于脆弱期的多肉就必须度过严寒的冬天，这对它来说是非常困难的。当然有取暖设备的房间另当别论。另外一个时期就是开花以后，在植物界，所有的花卉植物都适合在开花后换盆。

# 3. 懒人护理

## 浇水，一点水就能看到它的欣喜

大多数多肉植物生长在干旱地区，不适合潮湿的环境，但太过干燥的环境对多肉植物的生长发育也极为不利。

想要合理浇水，首先要了解多肉植物的特性和生长情况，如什么时候是生长期或快速生长期，什么时候是休眠期或生长缓慢期。一般来说，正确的浇水频度是：3~9月生长期，每15~20天浇水1次；快速生长期，每6~10天浇水1次（夏季休眠的多肉植物除外）；10月至翌年2月，气温在5~8℃时，每20~30天浇水1次（冬季休眠的多肉植物除外）。

科学合理地浇水，要先学会仔细观察和正确判断。有一些多肉植物在阳光暴晒或根部腐烂等情况下，会发生叶色暗红，叶尖及老叶干枯的现象，此时若浇水，对多肉植物不利。

一般情况下，夏季清晨浇水，冬季晴天午前浇水，春秋两季早晚都可浇水；生长旺盛时多浇水，生长缓慢时少浇水，休眠期不浇水。浇水的水温不宜太低或太高，以接近室内温度为准。

在多肉植物生长季节浇水的同时，可以适当喷水，增加空气湿度。喷用的水必须清洁，不含任何污染或有害物质，忌用含钙、镁离子过多的硬水。冬季低温时停止喷水，以免空气中湿度过高发生冻害。

### 多肉植物浇水表

| 春 | 夏（冬型种除外） | 秋 | 冬（夏型种除外） |
|---|---|---|---|
| 中 | 多 | 中 | 少 |
| 早晚为宜 | 清晨为宜 | 早晚为宜 | 晴天午前为宜 |

*本表仅供参考，具体内容看正文。*

# 多肉植物浇水技巧

## 多肉植物缺水信号

一旦缺水，多肉植物的叶片显暗红色，叶尖及老叶干枯，表面柔软干瘪。

▲ 缺水的奥尔巴。

## 南北方与浇水

一般来说，中国的大部分地区冬天都比较干旱，温度较低，温差较大，此时要严格控制浇水，否则容易使多肉遭受冻害，甚至死亡。但是在北方，室内有暖气，多肉植物能够继续生长，因此需要根据实际情况及时补充水分。

## 天气变化与浇水

随着天气的变化，多肉植物对水量的要求不同。温度高时，多肉植物需要多浇水。温度低时，要少浇水。遇到阴雨天，多肉植物水分蒸发少，一般不需要浇水。而在深秋，长期天晴，气候干燥时，在适量浇水的情况下，可多用喷雾来增加空气湿度。

## 花盆种类与浇水

多肉生命力顽强，对盆器的要求并不高，所以多肉的盆器可以多种多样。但要注意的是，由于盆器的特点不同，多肉的浇水量和次数也会有所不同。

陶盆由于透气性好，非常适合多肉植物栽培，一般6~8天浇1次水即可。

塑料盆、瓷盆、金属盆的透气性都不如陶盆，因此10~12天浇1次水为宜。

另外，如若栽培在没有孔的盆器中，多肉的浇水量一定不能多。因为多肉本身的需水量就不高，在没有孔的盆器中，水分不易蒸发、排出，水浇多了极易伤害多肉。

## 植株大小与浇水

刚刚栽种的多肉植物，根系还不发达，对水分的吸收能力较弱，因此不宜多浇水。而已经养护一段时间的多肉植物，根系健壮，能很好地吸取所需水分，可以正常浇水。

# 晒太阳，阳光下的小可爱

▲ 霜之朝经过充足光照，茎干健壮，叶片紧凑、饱满有光泽。

大多数多肉植物在生长发育阶段均需充足的阳光，属于喜光植物。充足的阳光使茎干粗壮直立，叶片肥厚、饱满有光泽，花朵鲜艳诱人。如果光照不足，植株往往生长畸形，茎干柔软下垂，叶色暗淡，刺毛变短、变细，缺乏光泽，还会影响花芽分化和开花，甚至出现落蕾落花现象。

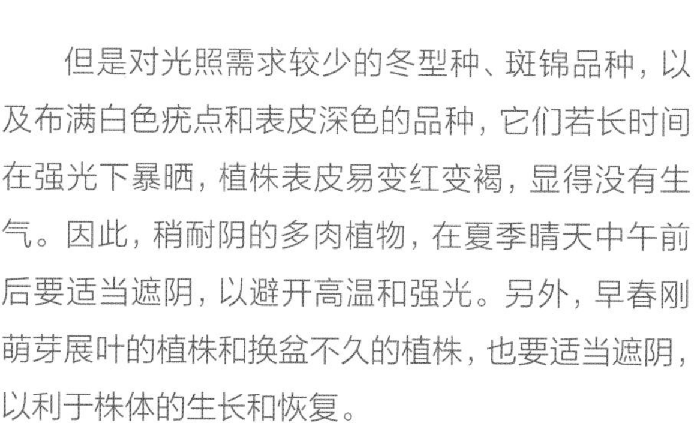

但是对光照需求较少的冬型种、斑锦品种，以及布满白色疣点和表皮深色的品种，它们若长时间在强光下暴晒，植株表皮易变红变褐，显得没有生气。因此，稍耐阴的多肉植物，在夏季晴天中午前后要适当遮阴，以避开高温和强光。另外，早春刚萌芽展叶的植株和换盆不久的植株，也要适当遮阴，以利于株体的生长和恢复。

▲ 斑锦品种的艳日伞对光照要求不高，在短暂的半阴环境下也能较好生长。

## 多肉植物晒太阳表

*本表仅供参考，具体内容看正文。*

| 春 | 夏（冬型种除外） | 秋 | 冬（夏型种除外） |
|---|---|---|---|
| 全日照 | 散射光 | 全日照 | 全日照 |
| 阳台为宜 | 室内遮阴 | 阳台为宜 | 室内为宜 |

# 施肥，让多肉快点长大

## 多肉植物施肥必知道

### 常用肥料

过去，家庭中有机肥的来源主要有各种饼肥、骨粉、米糠、各种下脚料等，有些也经过腐熟发酵而成。优点是肥力释放慢、肥效长、容易取得、不易引起烧根等；缺点是养分含量少、有臭味、易弄脏植株叶片。无机肥有硫酸铵、尿素等，人们习惯称为化肥。优点是肥效快、植物容易吸收、养分高；缺点是使用不当易伤害植株。

如今，出现了不少专用肥料，如“卉友”系列、“花宝”系列，都很适合多肉植物使用。

▲ 多肉植物施肥。

### 怎样给多肉植物合理施肥？

多肉们生长阶段不同，种类不同，对肥料有不一样的要求。

初春是多肉植物结束休眠期转向快速生长期的过渡阶段，施肥对促进多肉植物的生长是有益的。7~8月盛夏高温期，植株处于半休眠状态，应暂停施肥。刚入秋，气温稍有回落，植株开始恢复生机，可继续施肥，直到秋末停止施肥，以免植株生长过旺，新出球体柔嫩，易遭冻害。冬季一般不施肥。

多肉植物在生长季节的施肥频度，可以每2~3周施肥1次，如吊灯花属、天锦章属、莲花掌属等植物。大多数多肉植物为每月施肥1次；少数种类，如对叶花属为每4~6周施肥1次，马齿苋树属、厚叶草属则每6~8周施肥1次。

## 多肉植物施肥表

| 春 | 夏（冬型种除外） | 秋 | 冬（夏型种除外） |
|---|---|---|---|
| 肥 | 停止施肥 | 肥 肥 | 停止施肥 |
| 每月1次 | / | 每月1次 | / |

*本表仅供参考，具体内容看正文。*

# 病虫害，多肉怕虫子

多肉植物主要在室内栽培观赏，所以相对来说容易控制病虫害。不过长期室内栽培，在高温干燥、通风不畅的情况下，也会出现一些常见病虫和多发病虫。

### 红蜘蛛

主要危害萝藦科、大戟科、菊科、百合科、仙人掌科的多肉植物。该虫以口器吮吸幼嫩茎叶的汁液，被害茎叶出现黄褐色斑痕或枯黄脱落，产生的斑痕永留不褪。发生虫害后加强通风、采取降温措施，可用40%三氯杀螨醇乳油1000~1500倍液喷杀。

### 介壳虫

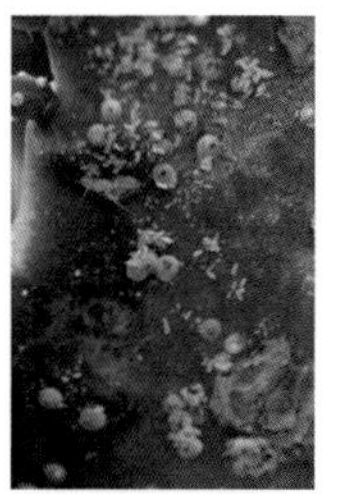

常危害叶片排列紧凑的龙舌兰属、十二卷属以及仙人掌科等植物。该虫吸食茎叶汁液，导致植株生长不良，严重时出现枯萎死亡。危害时除用毛刷驱除外，可用速扑杀乳剂800~1000倍液喷杀。

### 白粉虱

白粉虱是仙人掌第一讨厌的害虫，会布满茎或叶状茎的表面，造成植株发黄、枯萎、茎节脱落，并诱发煤烟病。可用25%亚胺硫磷乳油800倍液或40%速扑杀乳剂2000倍液喷杀。

### 粉虱

较多发生在景天科伽蓝菜属、天锦章属等多肉植物。该虫在叶背刺吸汁液，造成叶片发黄、脱落，同时诱发煤烟病，直接影响植株的观赏价值。发生虫害初期可用40%氧化乐果乳油1000~2000倍液喷杀。

### 蚜虫

多数危害景天科和菊科的多肉植物，常吸吮植株幼嫩部分的汁液，引起株体生长衰弱，其分泌物还招引蚁类的侵害。危害初期用80%敌敌畏乳油1500倍液喷杀。

▲ 放上一个粘虫板就能诱杀蚜虫成虫。

#### 赤腐病

为细菌性病害，是多肉植物的主要病害，常危害块茎类的多肉植物。从根部伤口侵入，导致块茎出现赤褐色病斑，几天后腐烂死亡。盆栽前要用70%托布津可湿性粉剂1000倍液喷洒预防，若发现块茎上有伤口，要待晾干后涂敷硫黄粉消毒。

#### 锈病

发生锈病后多肉植物茎干的表皮上出现大块锈褐色病斑，并从茎基部向上扩展，严重时茎部布满病斑。可结合修剪，将病枝剪除，等待重新萌发新枝，再用12.5%烯唑醇可湿性粉剂2000~3000倍液喷洒。

#### 生理性病害

若因栽培环境恶劣，如强光暴晒、光照严重不足、突发性低温和长期缺水等因素，造成茎、叶表皮发生灼伤、褐化、生长点徒长、部分组织冻伤、顶端萎缩枯萎等病害，根本的措施是改善栽培条件。

▲ 玉蝶腐烂病。

#### 炭疽病

炭疽病是危害多肉植物的重要病害，属真菌性病害。高温多湿的梅雨季节，染病植株的茎部会产生淡褐色的水渍性病斑，并逐步扩展腐烂。首先要开窗通风，降低室内的空气温度和湿度，再用70%甲基硫菌灵可湿性粉剂1000倍液喷洒，防止病害继续蔓延。

#### 腐烂病

腐烂病是危害仙人掌植物的主要真菌性病害。仙人掌幼苗遇此病，会大量猝倒，萎缩死亡；成株球体则会开始出现褐色病斑，接着内部腐烂，发出臭气，全株软腐死亡。

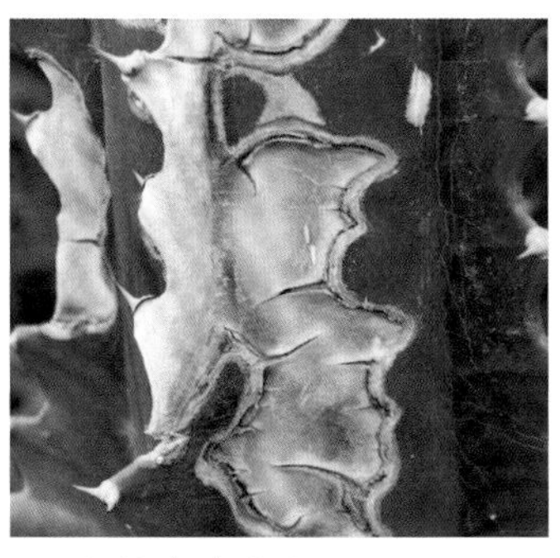

▲ 蛮烛台炭疽病。

▲ 金边龙舌头兰叶斑病。

▲ 神刀锈病。

# 多肉生病，看专家门诊

## 1. 多肉生长缓慢怎么办?

大部分多肉植物生长缓慢是由于光线不足所导致，但也有一些多肉本身生长比较缓慢，比如棒叶花属、肉锥花属、肉黄菊属、长生草属等。还有部分品种在特定环境下生长缓慢，比如纪之川在冬季虽然依然保持生长，但是生长缓慢。

九轮塔生长缓慢，生长到15厘米左右大约需要3年。

## 2. 哪种多肉开花后会死? 怎么让它不开花?

比较常见的科属有龙舌兰属等多肉植物。龙舌兰属的植物，老的母株开花后就会萎缩死亡，只要将花茎剪掉，就会阻止开花。不过母株死亡后，在两旁会长出新的小株，这是植株的一种自然更新。现在市面上比较流行的景天科、番杏科等多肉植物，一般不会发生开花后死亡的情况。

▲ 红毛掌粉虱危害。

## 3. 多肉有虫害了怎么办?

长期摆放在室内的多肉植物，由于通风不畅等原因，很容易有虫害的危险，常见的虫害有介壳虫、粉虱、红蜘蛛等。可以用镊子将虫子夹出来处理掉，也可以使用杀虫剂，如速扑杀乳剂800~1000倍液，或者40%氧化乐果乳油1000~2000倍液喷杀。

## 4. 多肉冻伤了怎么办？

首先要检查冻伤的程度，如果整个植株正受冻腐烂呈水渍状，那无法可救。仅是部分冻伤，仍保留有绿色的茎叶，先剪除受冻害的茎叶，摆放在通风干燥处晾干，待剪口干燥后，放置稍湿润的沙面上，让其生根萌生小多肉。

▲ 遭受冻害的彩云阁。

▲ 表面柔软干瘪的玉绿，还是有希望的。

## 5. 多肉表面柔软干瘪怎么办？

一般来说，由于供水和光线都不足，会导致多肉表面柔软干瘪，但如果给足了阳光和水分，多肉还是柔软干瘪，那就要看看是不是根部出现了问题。在干燥环境下的无根多肉，其叶片也同样会柔软干瘪，一般来说对其叶面喷雾就可以了。

## 6. 多肉徒长怎么办？

一般多肉徒长是由于光线不足导致的，但这也不是多肉徒长的全部原因，比如十二卷属植株土壤过湿，茎叶会徒长；景天属、青锁龙属、长生草属、千里光属等植株施肥过多，也会导致徒长；还有比如石莲花属的部分品种，施肥过多，同样会引起茎叶徒长。此时应正确判断徒长的缘由，对症下药。若是盆土过湿导致的，减少浇水；若是施肥过多导致的，则暂停施肥；若是缺少光照导致的，则将多肉挪放到阳光充足的地方摆放。

▲ 徒长的雷童茎叶间距变大，应及时摆放到有充足光照的场所。

▲ 气生根是周围空气湿润度大于盆土湿润度的结果。

## 7. 多肉为什么会长气生根?

气生根是指地上部茎所长出的根，在原产热带雨林地区的昙花、令箭荷花、球兰等多肉植物是十分常见的。如果原产干旱地区的多肉植物，如虹之玉、星乙女、锦晃星等长有气生根，说明栽培环境的空气湿度较高造成的，必须加强通风，以防湿度过大导致茎叶腐烂。

## 8. 植物萎缩了怎么回事?

萎缩的多肉可能是由于水浇多了。可以停止浇水一段时间，看看好没好。过半个月，如果状态还不好，就拿出来看看根是不是腐烂了，如果根腐烂了，就将腐烂的根剪掉，或者把萎缩的部位去掉，适当处理后还是能救活的。

▲ 大和锦叶片萎缩干瘪，需立即停止浇水并将萎缩叶片摘除。

▲ 星影“穿裙子”后需等基部老叶脱落后才能恢复，一般半个月左右。

## 9. 多肉“穿裙子”了怎么办?

多肉“穿裙子”指叶片下翻的状态，造成这种情况的原因主要有三个：一是光照不足，二是浇水过多，三是施肥过多。对于“穿裙子”的多肉，需根据具体情况采取措施。缺少光照的，增加光照时间；浇水过多的，需要控制浇水；施肥过多的，停止施肥。一般情况下，只要根系没有腐烂，做到以上几点，都能够恢复。

## 10. 多肉叶片上有瘢痕怎么办？

主要的原因是浇水多了，或者有水滴停留在多肉身上。多肉一旦留下瘢痕是无法恢复的，只能等待多肉自己更新换叶。

▲ 胧月叶片上的瘢痕都是直接对叶片浇水导致的。

## 11. 多肉的叶子怎么化水了？

浇水过多时，多肉的叶片会化水，变透明，一碰就掉。此时，首先需要将化水的叶片及时摘除，以免影响其他正常叶片。然后停止浇水，以干燥为主，可适当向周围喷雾，增加空气湿度。如果化水严重，甚至会出现烂根现象，需要将烂根切除，放通风处，晾干后栽入土中发根。

▲ 废旧的塑料瓶，修修剪剪就能为多肉越冬搭建小温室。

## 12. 如何帮助多肉们越冬？

绝大多数多肉必须在室内阳光充足的地方越冬。因此，冬季温度较低时，将多肉搬入室内。但如果空气不流通或者湿度过大，则会引起病变。为了避免这种情况，建议室内 1~2 天通风 1 次，一般情况下每 2~3 天透气 1 次，但要避免冷风直吹。

第二章
新手首选的
易养多肉

# 超好养活，多肉自己能生长

## 白牡丹

Graptoveria 'Titubans'

〔**科属**〕景天科风车草属

〔**生长期**〕夏季

**喜爱温度：** 20~25℃

**浇水：** 春秋季每周1次

**光线：** 全日照

**繁殖：** 播种、扦插

**病虫害：** 介壳虫、锈病

**组合建议：** 火祭、黄丽

盆土过湿或施肥过多，易使白牡丹茎叶徒长。

### 摸透它的习性

为石莲花属与风车草属的属间杂交品种。喜阳光充足的环境，不耐寒，耐干旱和半阴。

### 养护一点通

每2年换盆1次，春季进行，盆土用泥炭土、培养土和粗沙的混合土，加少量骨粉。春夏季适度浇水，秋冬季控制浇水，盆土保持干燥。生长期每2个月施肥1次，用稀释饼肥水，防止肥液玷污叶面。施肥不宜过多，否则会导致茎叶生长过快，影响株型。发生介壳虫危害时可人工捕捉或用40%氧化乐果乳油1500倍液喷杀。

### 大多肉生小多肉

播种：春夏季播种繁殖，种子发芽适温19~24℃。扦插：选取健壮的肉质叶进行扦插，插后保持土壤稍湿润，2~3周后可长出新芽并生根。

全年不死浇水法则

| 保持干燥 | 保持干燥 | 少量浇水 | 适度浇水 | 适度浇水 | 喷雾 | 喷雾 | 喷雾 | 适度浇水 | 适度浇水 | 少量浇水 | 保持干燥 |
|---|---|---|---|---|---|---|---|---|---|---|---|
| 1月 | 2月 | 3月 | 4月 | 5月 | 6月 | 7月 | 8月 | 9月 | 10月 | 11月 | 12月 |

*注：保持干燥，少量浇水，适度浇水，充分浇水，喷雾，下文同。*

# 玉蝶

Echeveria glauca

〔**科属**〕景天科石莲花属

〔**生长期**〕春秋季

俗称"石莲花"

## 摸透它的习性

原产于墨西哥。喜温暖、干燥和阳光充足的环境。不耐寒，耐干旱和半阴，忌积水。

## 养护一点通

每年春季换盆，换盆时，剪除植株基部萎缩的枯叶和过长的须根。盆土用腐叶土或泥炭土加粗沙的混合土。生长期以干燥为好，冬季室温低时，也需保持干燥。盛夏可向植株周围喷雾，增加空气湿度。生长期每月施肥1次，用稀释饼肥水或用“卉友”15-15-30盆花专用肥。常有锈病，可用75%百菌清可湿性粉剂800倍液喷洒。

## 大多肉生小多肉

播种：种子成熟后即播，发芽适温16~19℃。分株：每年春季换盆时进行。扦插：春末选取健壮的肉质叶或茎进行扦插。

**喜爱温度：** 18~25℃

**浇水：** 保持干燥

**光线：** 全日照

**繁殖：** 播种、分株、扦插

**病虫害：** 锈病、黑象甲

**组合建议：** 桃美人、初恋

玉蝶很容易出现群生现象。

全年不死浇水法则

| 1月 | 2月 | 3月 | 4月 | 5月 | 6月 | 7月 | 8月 | 9月 | 10月 | 11月 | 12月 |
| --- | --- | --- | --- | --- | --- | --- | --- | --- | --- | --- | --- |

# 火祭

Crassula capitella 'Campfire'

〔**科属**〕景天科青锁龙属

〔**生长期**〕夏季

俗称"秋火莲"

火祭锦

**喜爱温度：** *18~24℃*

**浇水：** 生长期每周1次

**光线：** 半阴

**繁殖：** 扦插

**病虫害：** 炭疽病、介壳虫

**组合建议：** 银波锦、银手球

秋末冬初时，充分日照，火祭会整株变红。

## 摸透它的习性

原产于非洲。喜温暖、干燥和半阴的环境。耐干旱，怕积水，忌强光。

## 养护一点通

每年早春换盆。植株生长过高时，进行修剪或摘心，压低株形，剪下的顶端枝可用于扦插繁殖。生长期每周浇水1次，其他时间每2~3周浇水1次，保持土壤潮气即可。盆土过湿，茎节伸长，影响植株造型。冬季处半休眠状态，盆土保持干燥。每月施肥1次，用稀释饼肥水或用"卉友"15-15-30盆花专用肥。冬季不施肥。可水培，春季剪取长10~15厘米的枝条，插于水中或沙中，2~3周生根后转入玻璃瓶中培养，注意水位不要过茎。由于肉质叶簇生枝顶，在玻璃瓶中注意固定，防止倾倒。

## 大多肉生小多肉

扦插：剪取充实的顶端茎叶，长3~4厘米，插入沙床，保持室温18~20℃，待长出新叶时盆栽。

全年不死浇水法则

| 1月 | 2月 | 3月 | 4月 | 5月 | 6月 | 7月 | 8月 | 9月 | 10月 | 11月 | 12月 |
|---|---|---|---|---|---|---|---|---|---|---|---|

# 唐印

Kalanchoe thyrsifolia

〔**科属**〕景天科伽蓝菜属

〔**生长期**〕春秋季

俗称"牛舌洋吊钟"

## 摸透它的习性

原产于南非。喜温暖、干燥和阳光充足的环境。不耐寒，耐干旱，不耐水湿。

## 养护一点通

每年春季换盆。盆土用腐叶土、培养土和粗沙的混合土。生长期每周浇水1次或2次，保持盆土湿润，但不能积水。秋冬季气温下降时，减少浇水。盛夏和冬季严格控制浇水。冬季在明亮光照下叶片会变红。生长期每月施肥1次，用稀释饼肥水或用"卉友"15-15-30盆花专用肥。

## 大多肉生小多肉

扦插：生长期剪取成熟的顶端枝，待剪口晾干后插入沙床，8~10天生根，再经1周后即可盆栽。叶插：剪取生长充实的叶片，平铺在沙床，喷雾保湿，插后10~15天可生根，待叶片基部长出不定芽，形成幼株时上盆。

**喜爱温度：** 15~20℃

**浇水：** 生长期每周1次或2次

**光线：** 全日照

**繁殖：** 扦插、叶插

**病虫害：** 叶斑病、粉虱

**组合建议：** 虹之玉

唐印叶片容易发软、起褶皱，可以适当增加浇水量，延长日照时间。

全年不死浇水法则

| 1月 | 2月 | 3月 | 4月 | 5月 | 6月 | 7月 | 8月 | 9月 | 10月 | 11月 | 12月 |
|---|---|---|---|---|---|---|---|---|---|---|---|

# 大和锦

Echeveria purpusorum

〔**科属**〕景天科石莲花属

〔**生长期**〕春秋季

俗称"三角莲座草"

**喜爱温度：** *18~25℃*

**浇水：** 生长期每周1次

**光线：** 全日照

**繁殖：** 播种、扦插、分株

**病虫害：** 叶斑病、黑象甲

**组合建议：** 虹之玉、京童子

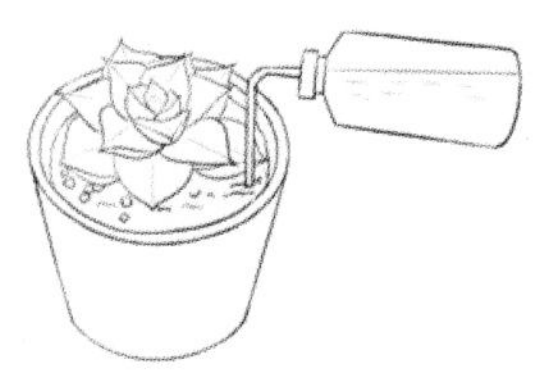

浇水时采用挤压式弯嘴壶，沿花盆边缘浇水，切忌直接浇灌叶片。

## 摸透它的习性

原产于墨西哥。喜温暖、干燥和阳光充足的环境。不耐寒，耐干旱和半阴。

## 养护一点通

每年春季换盆。换盆时，剪除植株基部萎缩的枯叶和过长的须根。盆土用泥炭土和粗沙的混合土，加少量骨粉。生长期每周浇水1次，盆土切忌过湿。冬季只需浇水1次或2次，盆土保持干燥。空气干燥时，不要向叶面喷水，只能向盆器周围喷雾，以免叶丛中积水导致腐烂。生长期每月施肥1次，用稀释饼肥水或用"卉友"15-15-30盆花专用肥。肥液切忌玷污叶面。

## 大多肉生小多肉

播种：种子成熟后即播，发芽适温16~19℃。扦插：成活率高。春末可用整个莲座状叶插或肉质叶片扦插。分株：在春季分株繁殖。

全年不死浇水法则

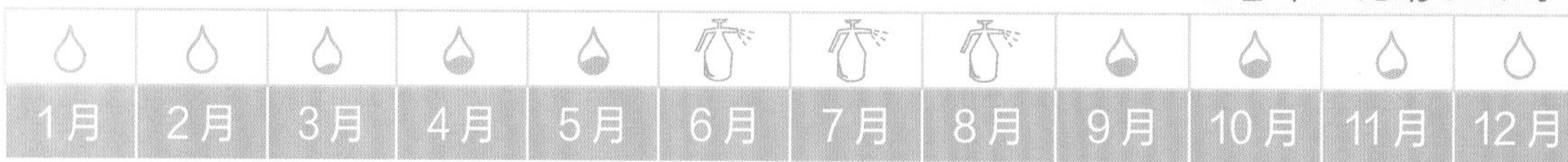

# 琉璃殿

Haworthia limifolia

〔科属〕百合科十二卷属

〔生长期〕春秋季

俗称"旋叶鹰爪草"

## 摸透它的习性

原产于南非。喜温暖、干燥和明亮光照的环境。较耐寒，耐干旱和半阴，不耐水湿和强光暴晒。

## 养护一点通

生长较慢，每2年换盆1次。盆土用腐叶土、培养土和粗沙的混合土，加入少量干牛粪和骨粉。生长期保持盆土稍湿润，切忌时干时湿。每月施肥1次或用"卉友"15-15-30盆花专用肥。夏季高温期生长稍缓慢，无明显休眠现象。冬季室温10~12℃，仍正常生长，5℃以下停止生长。

## 大多肉生小多肉

分株：在春季结合换盆进行，将母株旁生的幼株分栽即可，刚盆栽浇水不宜多，以免影响根部恢复。扦插：5~6月进行，剪取母株基部长出的吸芽，插于沙床，室温18~22℃，插后20~25天可生根。

**喜爱温度：** 18~24℃

**浇水：** 生长期保持湿润

**光线：** 明亮光照

**繁殖：** 分株、扦插

**病虫害：** 根腐病、介壳虫

**组合建议：** 红卷绢、宝草

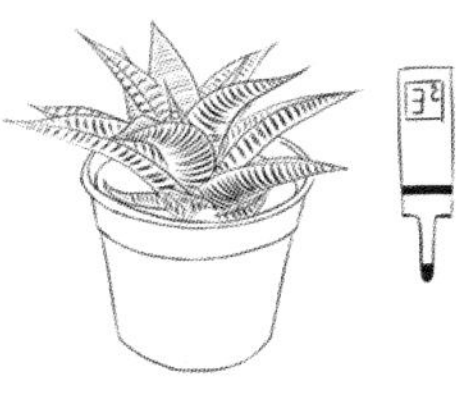

冬季5℃以下琉璃殿停止生长。

全年不死浇水法则

| 1月 | 2月 | 3月 | 4月 | 5月 | 6月 | 7月 | 8月 | 9月 | 10月 | 11月 | 12月 |
|---|---|---|---|---|---|---|---|---|---|---|---|

# 千代田之松

Pachyphytum compactum

〔**科属**〕景天科厚叶草属

〔**生长期**〕全年

千代田之松缀化

**喜爱温度：** 18~25℃

**浇水：** 春秋季每月1次

**光线：** 全日照

**繁殖：** 播种、扦插

**病虫害：** 很少发生虫害

**组合建议：** 火祭、锦晃星

叶片上带有纹路，充足阳光下，纹路清晰。

## 摸透它的习性

原产于墨西哥。喜温暖和阳光充足的环境。不耐寒，冬季不低于5℃，怕强光暴晒。

## 养护一点通

每2年换盆1次，春季进行。换盆时，剪除植株基部萎缩的枯叶和过长的须根。操作时切忌用手直接触摸肉质叶，否则会留下指纹或出现明显触碰痕迹。盆土用腐叶土或泥炭土加粗沙的混合土。早春和秋季每月浇水1次，冬季停止浇水，盆土保持干燥。盆土不宜过湿，否则肉质叶徒长，或容易腐烂。生长期每月施肥1次，用稀释饼肥水或用“卉友”15-15-30盆花专用肥。施薄肥为好。冬季放在阳光充足处越冬。

## 大多肉生小多肉

播种：春季播种，发芽适温19~24℃。扦插：春夏季取茎或叶片扦插繁殖。

全年不死浇水法则

| 1月 | 2月 | 3月 | 4月 | 5月 | 6月 | 7月 | 8月 | 9月 | 10月 | 11月 | 12月 |
|---|---|---|---|---|---|---|---|---|---|---|---|

雅乐之华

# 雅乐之舞

Portulacaria afra 'Foliis-variegata'

〔科属〕马齿苋科马齿苋属

〔生长期〕夏季

俗称"斑叶马齿苋树"

## 摸透它的习性

为马齿苋树的斑锦品种。喜温暖和明亮光照的环境。耐干旱，不耐寒，冬季温度不低于10℃。

## 养护一点通

每年春季换盆。换盆时，剪除植株过长和过密的茎节，保持茎叶分布匀称。盆土用腐叶土、肥沃园土和粗沙的混合土，加少量的过磷酸钙。生长期盆土保持湿润，但要求排水好。夏季高温时，注意控制浇水和保持良好通风。可向盆器周围喷雾，增加空气湿度。冬季减少浇水，盆土保持稍干燥。每2个月施肥1次，用稀释饼肥水或用"卉友"15-15-30盆花专用肥。

## 大多肉生小多肉

扦插：春季或秋季剪取半成熟枝，长8~10厘米，插于沙床，约3周后可生根，4周后上盆。

**喜爱温度：** *21~24℃*

**浇水：** 生长期保持湿润

**光线：** 明亮光照

**繁殖：** 扦插

**病虫害：** 锈病、介壳虫

**组合建议：** 姬胧月、花月锦

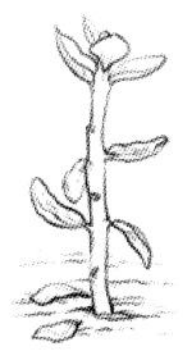

植株扦插用的沙床其实就是一片潮湿的沙子，透气性好，生根快。

全年不死浇水法则

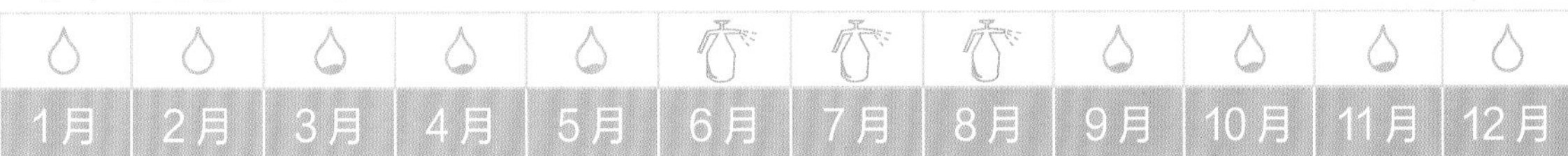

# 卷绢

*Sempervivum arachnoideum*

〔**科属**〕景天科长生草属

〔**生长期**〕夏季

俗称"蛛网长生草"

**喜爱温度：** *18~22℃*

**浇水：** 少浇水

**光线：** 全日照

**繁殖：** 播种、扦插

**病虫害：** 叶斑病、粉虱

**组合建议：** 五十铃玉

切勿对着卷绢中心浇水，否则会导致网状物消失，影响观赏价值。

## 摸透它的习性

原产于欧洲。喜温暖、干燥和阳光充足的环境。不耐严寒，耐干旱和半阴，忌水湿。

## 养护一点通

每2年换盆1次。盆土用腐叶土和粗沙的混合土，加少量骨粉。生长期盆土保持稍湿润，若过湿则叶片生长过快，影响观赏效果。冬季室温低，盆土以稍干燥为好。每月施肥1次，用稀释饼肥水或用"卉友"15-15-30盆花专用肥。施肥过多易引起叶片徒长，植株容易老化。

## 大多肉生小多肉

播种：春季室内盆播，播后不需覆土，筛一层石英砂，发芽适温20~22℃，播后10~12天发芽，幼苗生长慢。扦插：春秋季剪取叶盘基部的小芽插入沙床，插后2~3周生根，再经2周后移栽上盆。有的小叶盘下已有根，可直接盆栽。

全年不死浇水法则

| 1月 | 2月 | 3月 | 4月 | 5月 | 6月 | 7月 | 8月 | 9月 | 10月 | 11月 | 12月 |
|---|---|---|---|---|---|---|---|---|---|---|---|

# 条纹十二卷

Haworthia fasciata

〔**科属**〕百合科十二卷属

〔**生长期**〕春秋季

俗称"锦鸡尾"

## 摸透它的习性

原产于南非。喜温暖、干燥和明亮光照。不耐寒，耐半阴和干旱，怕水湿和强光。

## 养护一点通

每年4~5月换盆时，剪除植株基部萎缩的枯叶和过长的须根。盆栽以浅栽为好，盆土用腐叶土和粗沙的混合土。生长期保持盆土稍湿润。空气过于干燥时，可向盆器周围喷雾增加湿度。冬季和盛夏半休眠期，保持干燥，严格控制浇水。每月施肥1次，用稀释饼肥水或用"卉友"15-15-30盆花专用肥。使用液肥时，不要玷污叶片。

## 大多肉生小多肉

扦插：5~6月将肉质叶片轻轻切下，基部带上半木质化部分，稍晾干后，插入沙床，20~25天生根。分株：全年可进行，4~5月换盆时把母株旁生的幼株剥下，直接盆栽。

**喜爱温度：** 10~22℃

**浇水：** 生长期保持湿润

**光线：** 明亮光照

**繁殖：** 扦插、分株

**病虫害：** 根腐病、粉虱

**组合建议：** 屋卷绢、子宝

夏季遮阴，但不能光线过弱，否则会导致叶片萎缩、干瘪。

全年不死浇水法则

| 1月 | 2月 | 3月 | 4月 | 5月 | 6月 | 7月 | 8月 | 9月 | 10月 | 11月 | 12月 |
|---|---|---|---|---|---|---|---|---|---|---|---|

# 鲁氏石莲

Echeveria runyonii

〔**科属**〕景天科石莲花属

〔**生长期**〕夏季

**喜爱温度：** 18~25℃

**浇水：** 生长期每周1次

**光线：** 全日照

**繁殖：** 播种

**病虫害：** 叶斑病、根结线虫

**组合建议：** 黄丽、虹之玉

2年以上的鲁氏石莲会长出木质化、长杆状老桩。

## 摸透它的习性

原产于墨西哥。喜温暖、干燥和阳光充足的环境。不耐寒，耐半阴和干旱，忌积水。

## 养护一点通

每年春季换盆。盆土用泥炭土和粗沙的混合土，加少量骨粉。生长期每周浇水1次，盆土切忌过湿。冬季只需浇水1次或2次，盆土保持干燥。生长期每月施肥1次，用稀释饼肥水或用"卉友"15-15-30盆花专用肥。肥液切忌玷污叶面。适合摆放在阳光充足的窗台或阳台养护，夏季适当遮阴，冬季必须摆放温暖、阳光充足处越冬。可用水培栽培，剪取一段顶茎或一片叶片，插于河沙中，待长出白色新根后再水培。春秋季水中加营养液，夏季和冬季用清水即可。

## 大多肉生小多肉

播种：种子成熟后即播，发芽适温16~19℃，播后2~3周发芽。

全年不死浇水法则

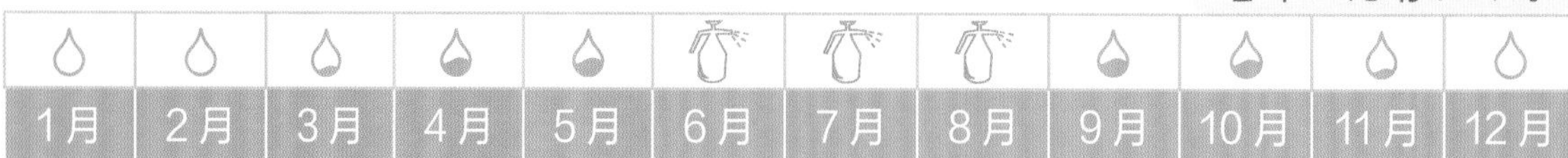

# 铭月

Sedum nussbaumerianum

〔**科属**〕景天科景天属

〔**生长期**〕冬季

俗称"黄玉莲"

## 摸透它的习性

原产于墨西哥。喜温暖和阳光充足的环境。耐半阴，也耐干旱。光照充足时叶片会变成金黄色。

## 养护一点通

每2~3年换盆1次，春季进行。盆土用肥沃园土和粗沙的混合土，加少量骨粉。生长期盆土保持稍湿润。夏季处于半休眠状态，盆土保持稍干燥。冬季浇水根据室温高低而定。全年施肥2次或3次，用稀释饼肥水或用"卉友"15-15-30盆花专用肥。过多施肥会造成叶片疏散、柔软，姿态欠佳。发生炭疽病危害时，用50%托布津可湿性粉剂500倍液喷洒。

## 大多肉生小多肉

扦插：全年都可扦插，以春秋季扦插效果为好。剪取顶端枝，长5~7厘米，稍晾干后插入沙床，插后3~4周生根。

**喜爱温度：**18~25℃

**浇水：**生长期适度浇水

**光线：**全日照

**繁殖：**扦插

**病虫害：**炭疽病、介壳虫

**组合建议：**虹之玉、乙女心

不同的养护条件，会让铭月变不同的颜色。光照充足时叶片会变成金黄色。

全年不死浇水法则

# 玉露

*Haworthia cooperi*

〔**科属**〕百合科十二卷属

〔**生长期**〕春秋季

俗称"绿玉杯"

**喜爱温度：** 18~22℃

**浇水：** 盛夏少浇水

**光线：** 明亮光照

**繁殖：** 播种、分株、扦插

**病虫害：** 根腐病、炭疽病

**组合建议：** 火祭、虹之玉

用塑料杯将玉露罩上，放阳光散射处养护，玉露更水灵。

## 摸透它的习性

原产于南非。喜温暖、干燥和明亮光照的环境。不耐寒，怕高温和强光，不耐水湿。

## 养护一点通

每年春季换盆，清理叶盘下萎缩的枯叶和过长的须根。盆土用泥炭土、培养土和粗沙的混合土，加少量骨粉。生长期盆土保持稍湿润，夏季高温时植株处半休眠状态，适当遮阴，少浇水，盆土保持稍干燥。秋季叶片恢复生长时，盆土保持稍湿润。冬季严格控制浇水。生长期每月施肥1次，用稀释饼肥水或用"卉友"15-15-30盆花专用肥。

## 大多肉生小多肉

播种：春季采用室内盆播，发芽适温21~24℃，播后2周发芽。分株：全年均可进行，常在春季4~5月换盆时，把母株周围幼株分离，盆栽即可。扦插：在5~6月进行，以叶插为主。将叶片剪下，稍干燥后扦插。

全年不死浇水法则

| 1月 | 2月 | 3月 | 4月 | 5月 | 6月 | 7月 | 8月 | 9月 | 10月 | 11月 | 12月 |
|---|---|---|---|---|---|---|---|---|---|---|---|

# 蓝石莲

Echeveria peacockii

〔**科属**〕景天科石莲花属

〔**生长期**〕春秋季

俗称"皮氏石莲花"

## 摸透它的习性

原产于墨西哥。喜温暖、干燥和阳光充足的环境。不耐寒，耐半阴和干旱。

## 养护一点通

每年春季换盆。盆土用泥炭土和粗沙的混合土，加少量骨粉。生长期每周浇水1次，盆土切忌过湿。冬季只需浇水1次或2次，盆土保持干燥。空气干燥时，不要向叶面喷水，只能向盆器周围喷雾，以免叶丛中积水导致腐烂。生长期每月施肥1次，用稀释饼肥水或用"卉友"15-15-30盆花专用肥。肥液切忌玷污叶面。可用水培栽培，剪取一段顶茎，插于河沙中，待长出白色新根后再水培。春秋季水中加营养液，夏季和冬季用清水即可。

## 大多肉生小多肉

扦插：春末剪取成熟叶片扦插，剪口要平，干燥后插于或平放沙床，插后20天左右生根。分株：在春季换盆时进行分株繁殖。

**喜爱温度：** 18~25℃

**浇水：** 生长期每周1次

**光线：** 全日照

**繁殖：** 扦插、分株

**病虫害：** 锈病、黑象甲

**组合建议：** 静夜、紫珍珠

蓝石莲"穿裙子"后，只有等老叶片脱落后，再充分日照才能恢复。

全年不死浇水法则

| 1月 | 2月 | 3月 | 4月 | 5月 | 6月 | 7月 | 8月 | 9月 | 10月 | 11月 | 12月 |
|---|---|---|---|---|---|---|---|---|---|---|---|

# 超好繁殖，生出一堆小多肉

## 黑王子

Echeveria 'Black Prince'

〔科属〕景天科石莲花属

〔生长期〕春秋季

**喜爱温度：** 18~25℃

**浇水：** 生长期每周1次

**光线：** 全日照

**繁殖：** 播种、扦插、分株

**病虫害：** 叶斑病、黑象甲

**组合建议：** 白佛甲、小松波

黑王子在充分光照下，叶色会变得更加黑。

### 摸透它的习性

为石莲花的栽培品种。喜温暖、干燥和阳光充足的环境。不耐寒，耐半阴和干旱。

### 养护一点通

夏季须适当遮阴，冬季须摆放温暖、阳光充足处越冬，且保持盆土干燥，水分过多根部易腐烂，变成无根植株。生长期每周浇水1次，盆土切忌过湿。冬季只需浇水1次或2次，盆土保持干燥。空气干燥时，不要向叶面喷水，只能向盆器周围喷雾。也可水培，剪取一段顶茎，插于河沙中，待长出白色新根后再水培。水培时不需整个根系入水，可留一部分根系在水面上，这样对石莲花生长更有利。春秋季水中加营养液，夏季和冬季用清水即可。

### 大多肉生小多肉

播种：种子成熟后即播，发芽适温16~19℃，播后2~3周发芽。扦插：春末剪取成熟叶片扦插。分株：如果母株基部萌发有子株，可在春季分株繁殖。

全年不死浇水法则

| 1月 | 2月 | 3月 | 4月 | 5月 | 6月 | 7月 | 8月 | 9月 | 10月 | 11月 | 12月 |
| --- | --- | --- | --- | --- | --- | --- | --- | --- | --- | --- | --- |

# 子宝锦

*Gasteria gracilis var. minima 'Variegata'*

〔**科属**〕百合科沙鱼掌属

〔**生长期**〕春秋季

**喜爱温度:** 13~21℃

**浇水:** 生长期每周1次

**光线:** 全日照

**繁殖:** 播种、叶插、分株

**病虫害:** 叶斑病、锈病

**组合建议:** 星美人、蓝鸟

## 摸透它的习性

为子宝的斑锦品种。喜温暖、干燥和阳光充足的环境。不耐寒，耐干旱和半阴，怕水湿和强光。

## 养护一点通

每2~3年春季换盆1次，盆土用腐叶土和粗沙的混合土。生长期盆土保持稍干燥为好，叶面可多喷水。夏季休眠期，少浇水，多喷雾。其他时间每月浇水1次，冬季盆土保持干燥。生长期每月施肥1次，用稀释饼肥水或用“卉友”15-15-30盆花专用肥。强光时稍遮阴，否则在强光下会影响斑锦的清晰度。

## 大多肉生小多肉

播种：春季播种，发芽适温19~24℃，播后10~12天发芽。苗期盆土保持稍干燥，半年后移栽上盆。叶插：生长期将舌状叶切下，晾干后插入沙床，2~3周生根。分株：春季换盆时进行，将母株旁生的蘖枝切下进行分株繁殖。

蘖枝是植株在靠近根部的地方所长出的分枝。

全年不死浇水法则

| 1月 | 2月 | 3月 | 4月 | 5月 | 6月 | 7月 | 8月 | 9月 | 10月 | 11月 | 12月 |
|---|---|---|---|---|---|---|---|---|---|---|---|

# 虹之玉

Sedum rubrotinctum

〔**科属**〕景天科景天属

〔**生长期**〕冬季

俗称"耳坠草"
"圣诞快乐"

**喜爱温度:** *13~18℃*

**浇水:** 生长期适度浇水

**光线:** 全日照

**繁殖:** 播种、扦插

**病虫害:** 叶斑病、蚜虫

**组合建议:** 筒叶花月、火祭

虹之玉虽容易掉叶子，但掉下的叶子很快就能长出新植株。

## 摸透它的习性

原产于墨西哥。喜温暖和阳光充足的环境。稍耐寒，怕水湿，耐干旱和强光。叶片中绿色，顶端淡红褐色，阳光下转红褐色。

## 养护一点通

春季换盆，盆土用肥沃园土和粗沙的混合土，加入少量腐叶土和骨粉。同时对茎叶适当修剪。夏季高温强光时，适当遮阴，肉质叶呈亮绿色。但遮阴时间不宜过长，否则茎叶柔嫩，易倒伏。秋季可置于阳光充足处，叶片由绿转红。冬季室温维持在10℃为宜，减少浇水，盆土保持稍干燥。

## 大多肉生小多肉

播种：在2~5月进行，采用室内盆播，发芽适温18~21℃，播后12~15天发芽。扦插：全年皆可进行，极易成活，以春秋季为好，剪取顶端叶片紧凑的短枝进行扦插。

全年不死浇水法则

| 1月 | 2月 | 3月 | 4月 | 5月 | 6月 | 7月 | 8月 | 9月 | 10月 | 11月 | 12月 |
|---|---|---|---|---|---|---|---|---|---|---|---|

# 黄丽

Sedum adolphi

〔**科属**〕景天科景天属

〔**生长期**〕冬季

俗称"金景天"

## 摸透它的习性

原产于墨西哥。喜温暖、干燥和阳光充足的环境。耐半阴，忌强光暴晒和积水。适度的光照下，叶片中绿色，叶尖黄色。

## 养护一点通

夏季强光时须遮阴，防止暴晒。春秋季在适宜的光照和较高的温差下，叶片呈亮黄色，甚至叶尖出现淡红色。生长期适度浇水，冬季每月浇水1次，盆土保持稍湿润。夏季高温时处半休眠状态，此时盆土应保持略干燥。生长期每月施肥1次。多年生长的老株可作造型盆栽。

## 大多肉生小多肉

扦插：全年可进行，以春秋季为好。剪取顶端枝，长5~7厘米，稍晾干后插入沙床，插后3~4周生根。叶插：取中下部成熟叶片扦插，约3周生根，待长出幼株后盆栽。分株：春季换盆时进行分株繁殖。

**喜爱温度：** 18~25℃

**浇水：** 生长期适度浇水

**光线：** 全日照

**繁殖：** 扦插、叶插、分株

**病虫害：** 白绢病、介壳虫

**组合建议：** 鲁氏石莲花

叶插时，将掰下的叶子平摆于干燥土面，放明亮通风处，少浇水，2~3周长出不定芽。

全年不死浇水法则

| 1月 | 2月 | 3月 | 4月 | 5月 | 6月 | 7月 | 8月 | 9月 | 10月 | 11月 | 12月 |
|---|---|---|---|---|---|---|---|---|---|---|---|

# 大叶不死鸟

Kalanchoe daigremontiana

〔科属〕景天科伽蓝菜属

〔生长期〕春秋季

俗称"大叶落地生根""花蝴蝶"

大叶不死鸟锦

**喜爱温度：** 15~20℃

**浇水：** 生长期每周1次或2次

**光线：** 全日照

**繁殖：** 播种、扦插、不定芽

**病虫害：** 白粉病、蚜虫

**组合建议：** 紫珍珠、虹之玉

大叶不死鸟每个钝齿之间都可以产生新的小苗，落地即成一新植株。

## 摸透它的习性

原产于马达加斯加。喜温暖、湿润和阳光充足的环境。不耐寒，耐干旱和半阴。

## 养护一点通

每年春季换盆，保持优美株态。盆栽可用腐叶土和粗沙各半的混合土。生长期每周浇水1次或2次，保持盆土湿润，但不能积水。秋冬气温下降，减少浇水。冬季开花，严格控制浇水，但不能忘记浇水。生长期每月施肥1次，用稀释饼肥水或用"卉友"15-15-30盆花专用肥。平常少搬动，以防叶边"小蝴蝶"掉落。

## 大多肉生小多肉

播种：早春播种，发芽适温18~21℃。扦插：生长期剪取成熟的顶端枝，待剪口晾干后插入沙床，8~10天生根，再经1周后即可盆栽。不定芽：将叶缘生长的较大不定芽剥下直接盆栽。

全年不死浇水法则

| 1月 | 2月 | 3月 | 4月 | 5月 | 6月 | 7月 | 8月 | 9月 | 10月 | 11月 | 12月 |
|---|---|---|---|---|---|---|---|---|---|---|---|

# 初恋

Echeveria 'Huthspinke'

〔**科属**〕景天科石莲花属

〔**生长期**〕夏季

俗称"红粉石莲"

## 摸透它的习性

为石莲花属的栽培品种。喜温暖、干燥和阳光充足的环境。不耐寒，耐干旱和半阴。

## 养护一点通

每年春季换盆。盆土用泥炭土和粗沙的混合土，加少量骨粉。生长期每周浇水1次，盆土切忌过湿。冬季只需浇水1次或2次，盆土保持干燥。生长期每月施肥1次，用稀释饼肥水或用"卉友"15-15-30盆花专用肥。生长期摆放于阳光充足处和温差较大时，叶片容易变红。可用水培栽培，剪取一段顶茎，插于河沙中，待长出白色新根后再水培。春秋季水中加营养液，夏季和冬季用清水即可。

## 大多肉生小多肉

叶插：春末剪取成熟叶片扦插，插于沙床，约3周后生根，长出幼株后上盆。注意剪口要平，待剪口干燥后再插。

**喜爱温度：** 18~25℃

**浇水：** 生长期每周1次

**光线：** 全日照

**繁殖：** 叶插

**病虫害：** 锈病、根结线虫

**组合建议：** 桃美人、茜之塔

可以砍头繁殖，在植株三分之一处剪切，切口要平滑，实现一株变两株。

全年不死浇水法则

| 1月 | 2月 | 3月 | 4月 | 5月 | 6月 | 7月 | 8月 | 9月 | 10月 | 11月 | 12月 |
|---|---|---|---|---|---|---|---|---|---|---|---|

# 白凤

Echeveria 'Baifeng'

〔科属〕景天科石莲花属

〔生长期〕夏季

**喜爱温度:** 18~25℃

**浇水:** 生长期每周1次

**光线:** 全日照

**繁殖:** 播种、扦插、分株

**病虫害:** 锈病、根结线虫

**组合建议:** 黑王子、卷绢

开花后要将花茎剪去，以免占用养分。

## 摸透它的习性

为石莲花属的栽培品种。喜温暖、干燥和阳光充足的环境。不耐寒，忌积水。

## 养护一点通

每年春季换盆，盆土用泥炭土和粗沙的混合土。生长期盆土不宜过湿，每周浇水1次。冬季只需浇水1次或2次，盆土保持干燥。空气干燥时，可向植株周围喷雾，增加空气湿度。生长期每月施肥1次，用稀释饼肥水或用“卉友”15-15-30盆花专用肥。肥液切忌玷污叶面。在阳光充足和温差较大的环境下，叶片前端会变成红色。

## 大多肉生小多肉

播种：种子成熟后即播，发芽适温16~19℃。扦插：春末剪取成熟叶片扦插，插于沙床，约3周后生根，长出幼株后上盆。注意剪口要平，待剪口干燥后再插。分株：如果母株基部萌发有子株，可在春季分株繁殖。

全年不死浇水法则

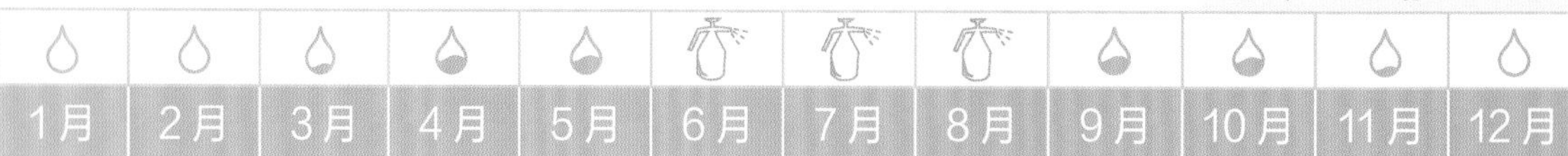

# 星美人

Pachyphytum oviferum

〔**科属**〕景天科厚叶草属

〔**生长期**〕冬季

俗称"厚叶草"

## 摸透它的习性

原产于墨西哥。喜温暖和阳光充足的环境。耐半阴，不耐寒，怕强光暴晒。

## 养护一点通

每2年春季换盆1次。换盆时，剪除植株基部萎缩的枯叶和过长的须根。操作时切忌用手触摸肉质叶，否则会留下指纹或出现明显触碰痕迹。盆土用腐叶土或泥炭土加粗沙的混合土。早春和秋季每月浇水1次，冬季停止浇水，盆土保持干燥。若盆土过湿，肉质叶易徒长或容易腐烂。生长期每月施肥1次，用稀释饼肥水或用"卉友"15-15-30盆花专用肥。冬季放在阳光充足处越冬。茎干木质化的老株适合造型盆栽观赏。

## 大多肉生小多肉

播种：春季播种，发芽适温19~24℃。扦插：春夏季取茎或叶片扦插繁殖。

**喜爱温度：** 18~25℃

**浇水：** 春秋季每月1次

**光线：** 全日照

**繁殖：** 播种、扦插

**病虫害：** 很少发生虫害

**组合建议：** 火祭锦、千佛手

春季，健康的母株旁会生长出许多幼株。

全年不死浇水法则

| 1月 | 2月 | 3月 | 4月 | 5月 | 6月 | 7月 | 8月 | 9月 | 10月 | 11月 | 12月 |
|---|---|---|---|---|---|---|---|---|---|---|---|

# 花月锦

Crassula argentea
'Variegata'

〔**科属**〕景天科青锁龙属

〔**生长期**〕夏季

俗称"黄金花月"

三色花月锦

**喜爱温度**：18~24℃

**浇水**：生长期每周1次

**光线**：全日照

**繁殖**：扦插、叶插

**病虫害**：炭疽病、介壳虫

**组合建议**：紫珍珠、虹之玉

栽培中注意修剪整形，除去影响株型美观的枝叶。

## 摸透它的习性

为花月的斑锦品种。喜温暖、干燥和阳光充足的环境。不耐寒，耐干旱。怕积水，忌强光。

## 养护一点通

每年早春换盆。植株生长过高时，进行修剪或摘心，压低株形。盆土用肥沃园土和粗沙的混合土，加少量骨粉。生长期每周浇水1次，保持盆土稍湿润。其他时间每2~3周浇水1次。浇水不宜多，否则导致徒长，影响株态和叶色。每月施肥1次，用稀释饼肥水或用"卉友"15-15-30盆花专用肥，冬季不施肥。夏季高温强光时适当遮阴。春秋季在光照充足和温差大时，叶片边缘变红色。

## 大多肉生小多肉

扦插：剪取顶端充实枝条，长3~4厘米，插入沙床，保持室温18~20℃，待长出新叶时盆栽。叶插：剪取成熟、充实叶片，摆放在潮湿的沙面上，待长出新枝后盆栽。

全年不死浇水法则

| 1月 | 2月 | 3月 | 4月 | 5月 | 6月 | 7月 | 8月 | 9月 | 10月 | 11月 | 12月 |
|---|---|---|---|---|---|---|---|---|---|---|---|

# 不夜城

Aloe mitriformis

〔**科属**〕百合科芦荟属

〔**生长期**〕春秋季

俗称"大翠盘""高尚芦荟"

## 摸透它的习性

原产于南非。喜温暖、干燥和阳光充足的环境。不耐寒，耐干旱和半阴，忌强光和水湿。

## 养护一点通

每年早春换盆。刚栽时少浇水，生长期浇水可多些，盆土保持湿润，天气干燥时可向叶面喷水，但盆土不宜过湿。夏季温度过高时会进入休眠期，应控制浇水。冬季减少浇水，盆土保持干燥。生长期每半月施肥1次，或用"卉友"15-15-30盆花专用肥。防止雨淋，注意水、肥玷污叶片或流入叶腋中，导致发黄腐烂。

## 大多肉生小多肉

分株：3~4月将母株周围密生的幼株分开栽植，如幼株带根少或无根，可先插于沙床，生根后再盆栽。扦插：5~6月花后进行，剪取顶端短茎10~15厘米，待剪口晾干后再插入沙床，浇水不宜多，插后2周左右生根。

**喜爱温度：** 15~25℃

**浇水：** 生长期保持湿润

**光线：** 全日照

**繁殖：** 分株、扦插

**病虫害：** 灰霉病、粉虱

**组合建议：** 青珊瑚、银手球

雨淋后，叶片容易发黄腐烂。

全年不死浇水法则

| 1月 | 2月 | 3月 | 4月 | 5月 | 6月 | 7月 | 8月 | 9月 | 10月 | 11月 | 12月 |
| --- | --- | --- | --- | --- | --- | --- | --- | --- | --- | --- | --- |

# 八千代

*Sedum pachyphyllum*

〔**科属**〕景天科景天属

〔**生长期**〕冬季

俗称"厚叶景天"

**喜爱温度：** *18~25℃*

**浇水：** 生长期适度浇水

**光线：** 全日照

**繁殖：** 播种、扦插

**病虫害：** 炭疽病、介壳虫

**组合建议：** 锦晃星

乙女心

八千代

乙女心白色偏绿，有霜，温差大时，叶顶端变红；八千代偏绿而细，温差大时，叶偏黄，顶端有红色小斑点。

## 摸透它的习性

原产于墨西哥。喜温暖、干燥和阳光充足的环境。不耐寒，怕水湿和强光暴晒，耐半阴。

## 养护一点通

耐干旱，刚栽后浇水不宜多，以稍干燥为宜。生长期盆土保持稍湿润。夏季处于半休眠状态，盆土保持稍干燥。冬季浇水根据室温高低而定。秋季天气稍微凉爽时，可施肥1次或2次或用"卉友"15-15-30盆花专用肥，但要控制施肥量，避免植株徒长，引起茎部伸展过快和叶片柔弱。成型盆栽要少搬动，以防止碰伤脱落，3~4年后需重新扦插更新。

## 大多肉生小多肉

播种：在4~5月进行，种子细小，播后不覆土，发芽适温18~24℃，播后7~10天发芽。扦插：全年可进行，以春秋季为好。剪取充实饱满叶片，长5~7厘米顶枝进行扦插。

全年不死浇水法则

| 1月 | 2月 | 3月 | 4月 | 5月 | 6月 | 7月 | 8月 | 9月 | 10月 | 11月 | 12月 |
|---|---|---|---|---|---|---|---|---|---|---|---|

# 超易爆盆，养出成就感

粉花唐扇

## 唐扇

Aloinopsis schooneesii

〔**科属**〕番杏科菱鲛属

〔**生长期**〕春秋季

**喜爱温度：** 10~20℃

**浇水：** 生长期适度浇水

**光线：** 全日照

**繁殖：** 播种、叶插

**病虫害：** 介壳虫

**组合建议：** 鹿角海棠、银星

### 摸透它的习性

原产于南非。喜温暖、干燥和阳光充足的环境。怕高温、多湿，不耐寒，耐干旱。

### 养护一点通

生长期适度浇水，冬季保持干燥。生长期每2~3周施肥1次。夏季高温时，植株处于休眠或半休眠状态，生长缓慢或完全停滞，宜放在通风良好处养护，勿施肥，适当遮光，避免烈日暴晒，并控制浇水，防止因闷热、潮湿而造成植株腐烂。冬季放在室内阳光充足的地方，温度不低于10℃，有一定的昼夜温差时，可正常浇水，使植株继续生长。

### 大多肉生小多肉

播种：早春播种，发芽适温21℃。叶插：春末或初夏进行，剪取生长充实的叶片，平铺在沙床上，插后10~15天生根。

唐扇不喜欢对着小电扇吹风，自然通风更适合它们。

全年不死浇水法则

| 1月 | 2月 | 3月 | 4月 | 5月 | 6月 | 7月 | 8月 | 9月 | 10月 | 11月 | 12月 |
|---|---|---|---|---|---|---|---|---|---|---|---|

# 茜之塔

Crassula capitella

〔**科属**〕景天科青锁龙属

〔**生长期**〕冬季

俗称"绿塔"

茜之塔锦

**喜爱温度：** 18~24℃

**浇水：** 生长期每周1次

**光线：** 全日照

**繁殖：** 播种、扦插、分株

**病虫害：** 叶斑病、介壳虫

**组合建议：** 初恋、熊童子

株形奇特，叶片排列齐整，由基部向上逐渐变小，酷似一座小宝塔。

## 摸透它的习性

原产于南非。喜温暖、干燥和阳光充足的环境。不耐寒，耐干旱和半阴，怕强光暴晒和水湿。

## 养护一点通

春秋季保持盆土湿润，每周浇水1次。每半月施肥1次或用"卉友"15-15-30盆花专用肥。但施肥量不宜过多，以免茎叶徒长，茎节伸长，严重影响观赏价值。夏季高温强光时适当遮阴，但时间不能长，否则影响叶色和光泽。冬季室温维持在10~12℃，可继续生长。

## 大多肉生小多肉

播种：4~5月室内盆播，发芽适温20~22℃，播后10~12天发芽，幼苗生长较快。扦插：5~6月进行，剪取顶端充实枝条，插入沙床，插后15~21天生根。分株：春季换盆时进行，将茎叶生长密集的加以掰开，每盆栽3~4枝一丛为好。

全年不死浇水法则

# 子持年华

Orostachys furusei

〔**科属**〕景天科瓦松属

〔**生长期**〕夏季

俗称"千手观音""白蔓莲"

## 摸透它的习性

原产于东南亚。喜温暖、干燥和阳光充足的环境。不耐寒，冬季温度不低于5℃。耐半阴和干旱，怕水湿和强光。

## 养护一点通

刚买回的盆栽植株摆放在有纱帘的窗台，不要摆放在荫蔽、通风差的场所。每年春季换盆。盆土用腐叶土、培养土和粗沙的混合土，加少量骨粉。春季至秋季适度浇水，冬季保持干燥。夏季温度高于40℃须停止浇水。较喜肥，生长期每月施肥1次。发现少量介壳虫时可捕捉灭杀，量多时用50%氧化乐果乳油1000倍液喷杀。

## 大多肉生小多肉

播种：种子成熟后即播，发芽适温13~18℃。分株：春季分株繁殖，可结合换盆进行。

**喜爱温度：**20~25℃

**浇水：**春秋季适度浇水

**光线：**全日照

**繁殖：**播种、分株

**病虫害：**介壳虫

**组合建议：**虹之玉、玉吊钟

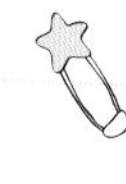

开花后会整株死亡，因此发现花苞时立即剪去。

全年不死浇水法则

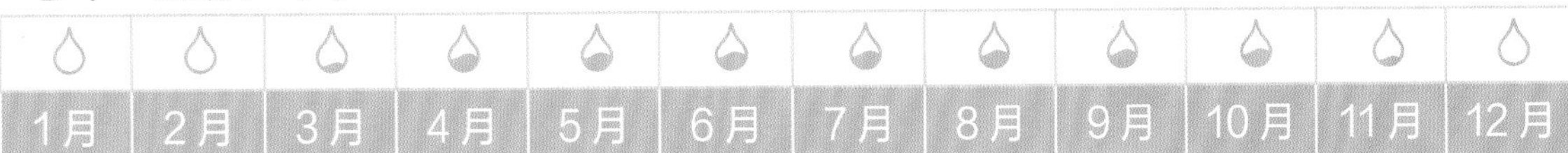

# 重(chóng)扇

Tradescantia navicularis

〔**科属**〕鸭跖草科水竹草属

〔**生长期**〕夏季

俗称"叠叶草"

**喜爱温度：** *18~23℃*

**浇水：** 生长期盆土保持湿润

**光线：** 全日照

**繁殖：** 分株、扦插

**病虫害：** 叶枯病、介壳虫

**组合建议：** 月兔耳、新玉缀

重扇适合摆放在有明亮光照的地方。

## 摸透它的习性

原产于墨西哥东北部。喜温暖、湿润和阳光充足的环境。不耐寒，耐半阴和干旱。

## 养护一点通

刚买回来的植株摆放在通风和有明亮光照的场所，多向叶面喷雾，切忌空气干燥和阳光暴晒。春季3~4月换盆，换盆时剪除枯叶和长茎，可用直径12~15厘米的盆。盆土用腐叶土、培养土和粗沙的混合土，加少量骨粉。生长期盆土保持湿润，冬季盆土稍干燥。生长期每月施肥1次，但量不宜多。有时发生叶枯病，发病初期用波尔多液喷洒2次或3次。发生介壳虫危害时，可用40%氧化乐果乳油1000倍液喷杀。

## 大多肉生小多肉

分株：春季结合换盆进行分株繁殖，将密集拥挤的茎叶从盆内托出，每盆栽3株或4株。扦插：5~9月进行，剪取折叠短茎，长7~8厘米，插于沙床，插后10~15天生根，1周后盆栽。

全年不死浇水法则

| 1月 | 2月 | 3月 | 4月 | 5月 | 6月 | 7月 | 8月 | 9月 | 10月 | 11月 | 12月 |
|---|---|---|---|---|---|---|---|---|---|---|---|

# 若绿

Crassula lycopodioides var. pseudolycopodioides

〔**科属**〕景天科青锁龙属

〔**生长期**〕夏季

俗称"青锁龙""鼠尾景天"

**喜爱温度：** *18~24℃*

**浇水：** 生长期每周 1 次

**光线：** 明亮光照

**繁殖：** 扦插

**病虫害：** 褐斑病、红蜘蛛

**组合建议：** 屋卷绢、京童子

## 摸透它的习性

原产于非洲南部。喜温暖、干燥和明亮光照的环境。不耐寒，耐干旱和半阴，怕积水，忌强光。

## 养护一点通

每年早春换盆，盆土用腐叶土、培养土和粗沙的混合土，加少量骨粉。生长期每周浇水1次，其他时间每2~3周浇水1次，保持土壤潮气即可。冬季处半休眠状态，盆土保持干燥。每月施肥1次，用稀释饼肥水或用"卉友"15-15-30盆花专用肥。冬季不施肥。室内通风差时，茎叶易受红蜘蛛危害，发生时可用40%氧化乐果乳油1000倍液喷杀。

## 大多肉生小多肉

扦插：以春秋季进行扦插生根快，成活率高。选取较整齐、鳞片状排列紧密的枝条，剪成12~15厘米长，插于沙床，室温21~24℃，插后20~25天生根，1周后上盆。

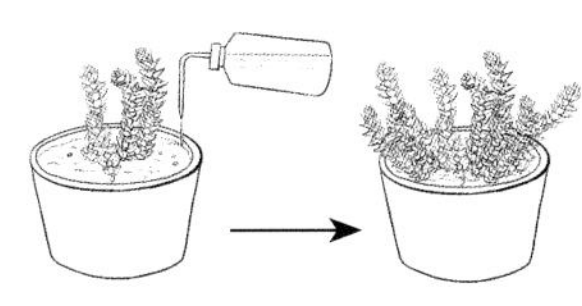


春秋季若绿会疯狂生长，可大量浇水。

全年不死浇水法则

| 1月 | 2月 | 3月 | 4月 | 5月 | 6月 | 7月 | 8月 | 9月 | 10月 | 11月 | 12月 |
|---|---|---|---|---|---|---|---|---|---|---|---|

# 斧叶椒草

*Peperomia dolabriformis*

〔**科属**〕胡椒科椒草属

〔**生长期**〕春秋季

**喜爱温度：** 15~25℃

**浇水：** 生长期充分浇水

**光线：** 明亮光照

**繁殖：** 播种、扦插

**病虫害：** 叶斑病、介壳虫

**组合建议：** 唐印、花月锦

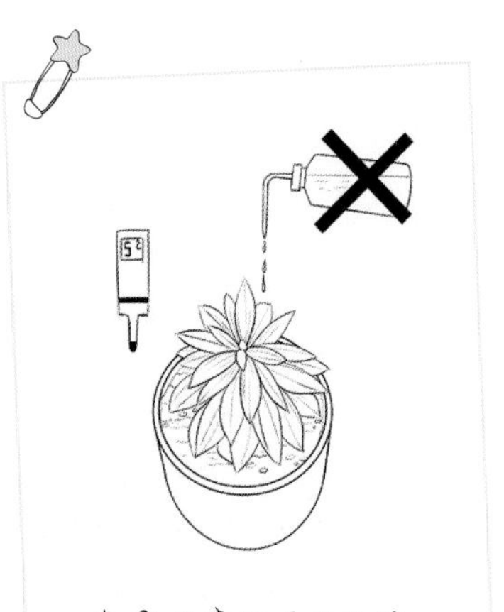

冬季温度低于5℃时，断水。

## 摸透它的习性

原产于秘鲁。喜温暖和明亮光照的环境。不耐寒，冬季温度不低于5℃，耐干旱和半阴。

## 养护一点通

刚买回来的盆栽植株，摆放在有纱帘的窗台，避开阳光直射。每年春季换盆，修剪过密或重叠的叶片。盆土用腐叶土、培养土和粗沙的混合土。生长期充分浇水，冬季保持干燥。生长期每3~4周施低氮素肥1次，肥液不能触及叶面。易发生叶斑病，可用波尔多液喷洒预防。当室内通风不畅时，易遭受介壳虫危害，可用40%氧化乐果乳油1000倍液喷杀。

## 大多肉生小多肉

播种：种子成熟后即播，发芽适温19~24℃，播后10天左右发芽。扦插：初夏取茎插于沙床，2~3周后生根，长成苗株后上盆。

全年不死浇水法则

| 1月 | 2月 | 3月 | 4月 | 5月 | 6月 | 7月 | 8月 | 9月 | 10月 | 11月 | 12月 |
|---|---|---|---|---|---|---|---|---|---|---|---|

旋叶姬星美人

# 姬星美人

Sedum dasyphyllum

〔科属〕景天科景天属

〔生长期〕冬季

俗称"英国景天"

喜爱温度：18~25℃

浇水：生长期适度浇水

光线：全日照

繁殖：扦插

病虫害：炭疽病

组合建议：黄丽、千佛手

## 摸透它的习性

原产于西亚及北非。喜温暖、干燥和阳光充足的环境。不耐寒，怕水湿和强光暴晒，耐半阴。

## 养护一点通

生长期适度浇水，盆土保持稍湿润。夏季处于半休眠状态，盆土保持稍干燥。冬季浇水根据室温高低而定。秋季天气稍微凉爽时可施肥1次或2次或用"卉友"15-15-30盆花专用肥，但要控制施肥量，避免植株徒长，引起茎部伸展过快和叶片柔弱。在光照充足、温差较大的春秋季，叶片呈粉色。2~3年后需重新扦插更新。

## 大多肉生小多肉

扦插：全年可进行，以春秋季为好。生长期剪取一小丛健壮、充实的茎叶，长3~4厘米顶枝直接盆栽或进行扦插，成活率高。

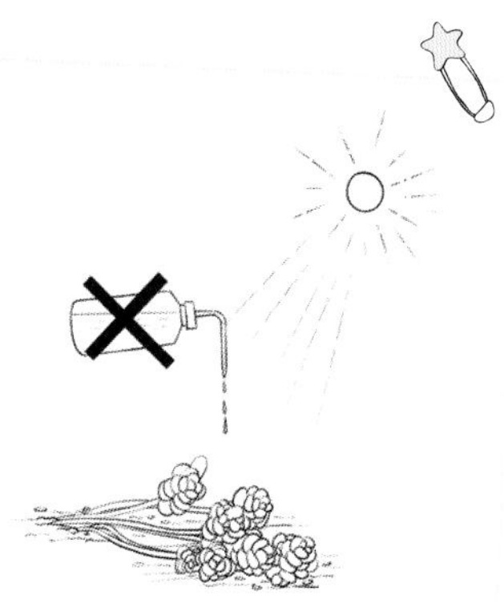

发生倒伏的姬星美人，需增加光照，减少浇水，才能逐渐恢复。

全年不死浇水法则

| 1月 | 2月 | 3月 | 4月 | 5月 | 6月 | 7月 | 8月 | 9月 | 10月 | 11月 | 12月 |
|---|---|---|---|---|---|---|---|---|---|---|---|

# 绒针

Crassula mesembryanthoides

〔**科属**〕景天科青锁龙属

〔**生长期**〕春秋季

**喜爱温度：** *18~24℃*

**浇水：** 生长期每周 *1* 次

**光线：** 全日照

**繁殖：** 扦插

**病虫害：** 炭疽病

**组合建议：** 屋卷绢、黑王子

绒针生长过高时，进行摘心或修剪，压低株形。

## 摸透它的习性

原产于南非。喜温暖、干燥和阳光充足的环境。耐干旱和半阴，怕积水，忌强光。

## 养护一点通

每年早春换盆。植株生长过高时，进行修剪或摘心，压低株形，剪下的顶端枝可用于扦插繁殖。生长期每周浇水1次，其他时间每2~3周浇水1次。夏季高温休眠和冬季处半休眠状态时，盆土保持干燥。每月施肥1次，用稀释饼肥水或用"卉友"15-15-30盆花专用肥，冬季不施肥。春秋季光照充足和温差大时，叶片会变红。可用水培栽培，春季剪取长10~15厘米的枝条，插于水中或沙中，2~3周生根后转入玻璃瓶中培养。

## 大多肉生小多肉

扦插：剪取充实的顶端茎叶，长3~4厘米，插入沙床，保持室温18~20℃，2周后生根上盆。

全年不死浇水法则

| 1月 | 2月 | 3月 | 4月 | 5月 | 6月 | 7月 | 8月 | 9月 | 10月 | 11月 | 12月 |
|---|---|---|---|---|---|---|---|---|---|---|---|

# 薄雪万年草

Sedum hispanicum

〔**科属**〕景天科景天属

〔**生长期**〕冬季

俗称"矶小松"

**喜爱温度：** 18~25℃

**浇水：** 生长期适度浇水

**光线：** 全日照

**繁殖：** 扦插

**病虫害：** 白绢病、介壳虫

**组合建议：** 屋卷绢、大和锦

## 摸透它的习性

原产于南亚至中亚。喜温暖、干燥和阳光充足的环境。怕水湿和强光暴晒，耐半阴。

## 养护一点通

每年春季换盆时，对生长过密的植株进行疏剪，栽培2~3年后需重新扦插更新。生长期盆土保持稍湿润。夏季处于半休眠状态，盆土保持稍干燥。冬季浇水根据室温高低而定。全年施肥2次或3次，用稀释饼肥水或用"卉友"15-15-30盆花专用肥。过多施肥会造成叶片疏散、柔软，姿态欠佳。秋季在光照充足和温差大时，叶片转变为粉红色。

## 大多肉生小多肉

扦插：全年可进行，以春秋季为好。剪取顶端枝一小丛，长4~5厘米，直接盆栽或插入沙床，成活率较高，盆栽4~5周后就能茎叶满盆。

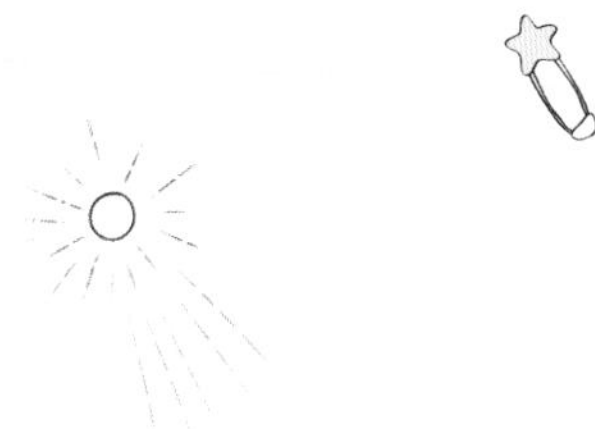

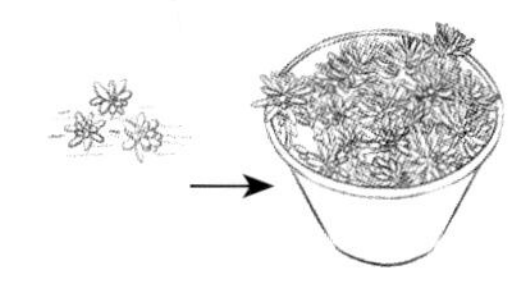

充分日照，生长期保持盆土稍湿润，就能自然生长爆满整个盆。

全年不死浇水法则

| 1月 | 2月 | 3月 | 4月 | 5月 | 6月 | 7月 | 8月 | 9月 | 10月 | 11月 | 12月 |
|---|---|---|---|---|---|---|---|---|---|---|---|

# 绿之铃

*Senecio rowleyanus*

〔**科属**〕菊科千里光属

〔**生长期**〕春秋季

俗称"翡翠珠""念珠掌"

开花

**喜爱温度：** *15~22℃*

**浇水：** 生长期稍湿润

**光线：** 全日照

**繁殖：** 扦插

**病虫害：** 茎腐病、蚜虫

**组合建议：** 新玉缀、佛甲草

绿之铃的叶圆如念珠，直径1厘米，有微尖的刺状凸起，淡绿色，有一条透明纵线；大弦月城的叶卵圆形，头尖，淡灰绿色，表面有数条透明纵线。

## 摸透它的习性

原产于非洲。喜温暖、干燥和阳光充足的环境。不耐寒，耐半阴和干旱，忌水湿和高温。

## 养护一点通

属浅根性植物，盆土用腐叶土或泥炭土、肥沃园土和粗沙的混合土。夏季高温进入半休眠状态，以凉爽环境或适当遮阴为好，严格控制肥水，宁干勿湿。生长期土壤可稍湿润。每月施肥1次，或用"卉友"15-15-30盆花专用肥。冬季搬放室内窗台处养护。

## 大多肉生小多肉

扦插：以春秋季进行为好，将充实健壮的茎段剪下，长8~10厘米，顶端茎部更好。平铺在沙床上，插条基部稍轻压一下或斜插于沙床中，稍浇水保持湿润，室温保持15~22℃，插后10~15天，从茎节处生根，随后长出新叶，即可上盆。

全年不死浇水法则

| 1月 | 2月 | 3月 | 4月 | 5月 | 6月 | 7月 | 8月 | 9月 | 10月 | 11月 | 12月 |
|---|---|---|---|---|---|---|---|---|---|---|---|

# 大弦月城

Senecio herreianus

〔**科属**〕菊科千里光属

〔**生长期**〕春秋季

俗称"京童子""亥利仙乎菊"

## 摸透它的习性

原产于非洲。喜温暖、干燥和阳光充足的环境。不耐寒，耐半阴和干旱，忌水湿和高温。

## 养护一点通

每3~4年春季换盆1次。盆土用腐叶土或泥炭土、肥沃园土和粗沙的混合土。生长期土壤保持稍湿润。夏季进入半休眠状态，严格控水，宁干勿湿。每月施肥1次，用稀释饼肥水或用"卉友"15-15-30盆花专用肥。切忌肥液玷污肉质叶片。空气湿度大和通风不畅时，会发生白粉病和根腐病危害，发生初期用200单位农用链霉素粉剂1000倍液喷洒。

## 大多肉生小多肉

扦插：以春秋季进行为好，将充实健壮的茎段剪下，平铺在沙床上，室温保持15~22℃，插后10~15天，从茎节处生根，随后长出新叶，即可上盆。

**喜爱温度：** 15~22℃

**浇水：** 生长期稍湿润

**光线：** 全日照

**繁殖：** 扦插

**病虫害：** 白粉病、根腐病

**组合建议：** 黑法师、银星

夏季切忌浇水过多，否则很容易烂根死亡。

全年不死浇水法则

| 1月 | 2月 | 3月 | 4月 | 5月 | 6月 | 7月 | 8月 | 9月 | 10月 | 11月 | 12月 |
|---|---|---|---|---|---|---|---|---|---|---|---|

# 好看特别，爱上你的多肉

## 特玉莲

Echeveria runyonii 'TopsyTurvy'

〔科属〕景天科石莲花属

〔生长期〕夏季

俗称"特叶玉蝶"

特玉莲缀化

**喜爱温度：** *18~25℃*

**浇水：** 生长期每周1次

**光线：** 全日照

**繁殖：** 扦插、分株

**病虫害：** 锈病、根结线虫

**组合建议：** 吉娃莲、霜之朝

特玉莲叶片形状独特，叶缘向下反卷，似船形，先端有一小尖；其他石莲花属的叶子多呈卵圆形、匙形。

### 摸透它的习性

为鲁氏石莲花的栽培品种。喜温暖、干燥和阳光充足的环境。不耐寒，耐干旱和半阴。

### 养护一点通

每年春季换盆。换盆时，剪除植株基部萎缩的枯叶和过长的须根。盆土用泥炭土和粗沙的混合土。生长期盆土不宜过湿，每周浇水1次。冬季只需浇水1次或2次，盆土保持干燥。空气干燥时，可向植株周围喷雾，增加空气湿度。生长期每月施肥1次，用稀释饼肥水或用"卉友"15-15-30盆花专用肥。夏季适当遮阴，冬季需摆放温暖、阳光充足处越冬。

### 大多肉生小多肉

扦插：春末剪取成熟叶片扦插，插于沙床，约3周后生根，长出幼株后上盆。注意剪口要平，并待剪口干燥后再插。分株：如果母株基部萌发有子株，可在春季分株繁殖。

全年不死浇水法则

# 爱之蔓

Ceropegia woodii

〔**科属**〕萝藦科吊灯花属

〔**生长期**〕夏季

俗称"吊金钱""一寸心"

## 摸透它的习性

原产于南非。喜温暖、干燥和阳光充足的环境。不耐寒，冬季温度不低于10℃。

## 养护一点通

每年春季换盆，整理修剪地上部茎叶，加入肥沃园土、粗沙和少量腐叶土的混合土壤。生长期需充足阳光和水分，每月施肥1次，或用"卉友"15-15-30盆花专用肥。夏季高温时，植株暂处半休眠状态，适当遮阴，停止施肥，减少浇水。秋季可保持盆土湿润和充足养分，冬季温度10~12℃为宜，减少浇水，每3周浇1次即可。

## 大多肉生小多肉

播种：早春室内盆播，发芽适温19~24℃，播后2~3周发芽。扦插：初夏剪取带节的茎蔓扦插，每段带有3~4个节，摘除末端叶片插进沙床，注意不要颠倒上下两端，1个月后茎蔓生根，并长出新芽。分株：春秋季剥下叶腋的小块茎直接盆栽。

**喜爱温度：** *18~25℃*

**浇水：** 生长期保持湿润

**光线：** 全日照

**繁殖：** 播种、扦插、分株

**病虫害：** 叶斑病、粉虱

**组合建议：** 唐印、紫珍珠

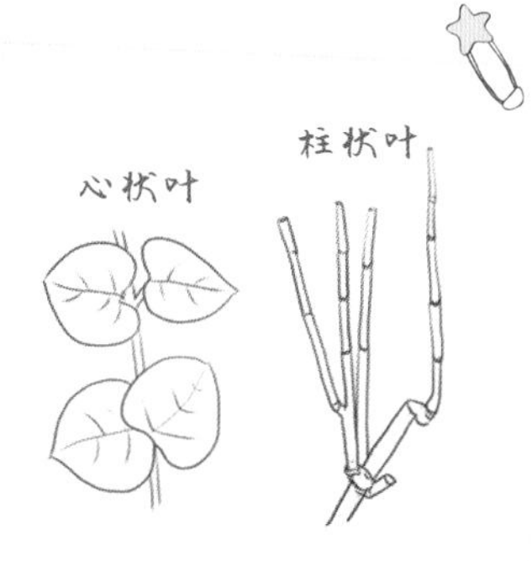


叶形似"心"，两两对生，有"心心相印"的花语；吊灯花属除心状叶外还有细柱状叶片。

全年不死浇水法则

| 1月 | 2月 | 3月 | 4月 | 5月 | 6月 | 7月 | 8月 | 9月 | 10月 | 11月 | 12月 |
|---|---|---|---|---|---|---|---|---|---|---|---|

# 熊童子

*Cotyledon tomentosa*

〔**科属**〕景天科银波锦属

〔**生长期**〕春秋季

俗称"毛叶银波锦"

花苞

**喜爱温度：** 18~24℃

**浇水：** 生长期每2周1次

**光线：** 全日照

**繁殖：** 播种、扦插

**病虫害：** 叶斑病、介壳虫

**组合建议：** 生石花、桃美人

日照过少，胖胖的熊"爪子"会变得细长，不饱满。

## 摸透它的习性

原产于南非。喜温暖、干燥和阳光充足的环境。不耐寒，耐干旱，怕水湿和强光暴晒，夏季喜欢凉爽的地方。

## 养护一点通

每年春季换盆。株高15厘米时，须摘心，促使分枝。当植株生长过高时需修剪，压低株形。4~5年后应重新扦插更新。生长期每2周浇水1次，保持盆土稍湿润。夏季高温时可向植株周围喷雾。冬季进入休眠期，盆土保持干燥。每月施肥1次，用稀释饼肥水或用"卉友"15-15-30盆花专用肥。若光照不足，肥水过多，都会引起茎节伸长。

## 大多肉生小多肉

播种：3~4月室内盆播，发芽适温20~22℃，播后12~14天发芽，幼苗生长快。扦插：春秋季剪取健壮充实的顶端枝，长5~7厘米，插于沙床，插后2~3周生根，成活率高。也可用单叶扦插，但生长稍慢。

全年不死浇水法则

| 1月 | 2月 | 3月 | 4月 | 5月 | 6月 | 7月 | 8月 | 9月 | 10月 | 11月 | 12月 |
|---|---|---|---|---|---|---|---|---|---|---|---|

# 月兔耳

Kalanchoe tomemtosa

〔科属〕景天科伽蓝菜属

〔生长期〕春秋季

俗称"褐斑伽蓝菜"

## 摸透它的习性

原产于马达加斯加。喜温暖、干燥和阳光充足的环境。不耐寒，耐干旱，不耐水湿。

## 养护一点通

每年春季换盆，盆土用腐叶土和粗沙各半的混合土。生长期每周浇水1次，夏季高温时可向植株周围喷雾，秋季减少浇水，冬季保持干燥。生长期每月施肥1次，用稀释饼肥水或用"卉友"15-15-30盆花专用肥。室内通风差时，易发生介壳虫和粉虱危害，可用40%氧化乐果乳油1000倍液喷杀。

## 大多肉生小多肉

扦插：生长期剪取成熟的顶端枝，长5~7厘米，待剪口晾干后插入沙床，15~20天生根，再经1周后即可盆栽。叶插：剪取健壮生长充实的叶片，平铺在沙床，喷雾保湿，插后20~25天可生根，待叶片基部长出不定芽，形成幼株时上盆。

**喜爱温度：** *18~22℃*

**浇水：** 生长期每周1次

**光线：** 全日照

**繁殖：** 扦插、叶插

**病虫害：** 介壳虫、粉虱

**组合建议：** 锦晃星、紫珍珠

叶形似兔耳，阳光充足时，叶缘会出现褐色斑纹。还有梅兔耳、千兔耳等"兔耳家族"品种。

全年不死浇水法则

| 1月 | 2月 | 3月 | 4月 | 5月 | 6月 | 7月 | 8月 | 9月 | 10月 | 11月 | 12月 |
|---|---|---|---|---|---|---|---|---|---|---|---|

# 月光

Crassula barbata

〔**科属**〕景天科青锁龙属

〔**生长期**〕春秋季

**喜爱温度：** *18~24℃*

**浇水：** 生长期每周1次

**光线：** 半阴

**繁殖：** 扦插

**病虫害：** 粉虱

**组合建议：** 虹之玉、黄丽

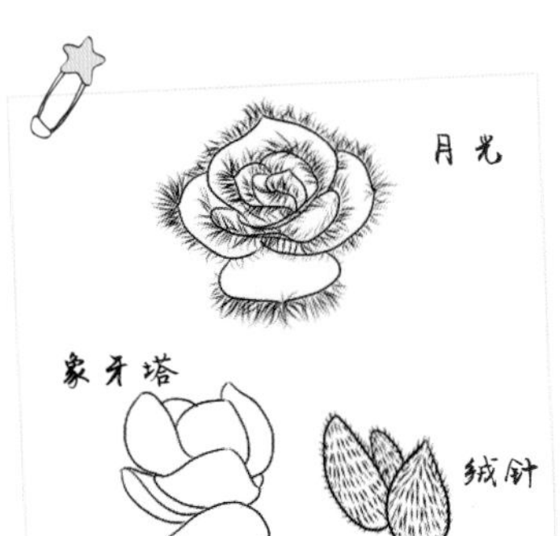


## 摸透它的习性

原产于非洲。喜温暖、干燥和半阴的环境。耐干旱，怕积水，忌强光。

## 养护一点通

每年早春换盆，盆土用腐叶土、培养土和粗沙的混合土，加入少量骨粉。生长期每周浇水1次，其他时间每2~3周浇水1次。冬季盆土保持稍干燥。每月施肥1次，用稀释饼肥水或用“卉友”15-15-30盆花专用肥。室内通风差时，易发生粉虱危害，可用50%螟松乳油1500倍液喷杀。

## 大多肉生小多肉

扦插：在生长期进行，以春秋季为好，选取叶片充实，带一短茎切下，晾干后插于沙床，插壤温度20~22℃，插后15~20天生根。也可用截顶扦插，将顶端带4~5片叶处切下，晾干后插于沙床，20~25天愈合后生根。

全年不死浇水法则

# 吉娃莲

*Echeveria chihuahuaensis*

〔科属〕景天科石莲花属

〔生长期〕春秋季

俗称"吉娃娃""杨贵妃"

## 摸透它的习性

原产于墨西哥。喜温暖、干燥和阳光充足环境。不耐寒，耐干旱和半阴，忌水湿。

## 养护一点通

每年春季换盆。换盆时，剪除植株基部萎缩的枯叶和过长的须根。生长期每2周浇水1次，盆土切忌过湿。冬季只需浇水1次或2次，盆土保持干燥。生长期每月施肥1次，用稀释饼肥水或用“卉友”15-15-30盆花专用肥。夏季午间遮阴，冬季需摆放温暖、阳光充足越冬。发生锈病时，可用75%百菌清可湿性粉剂800倍液喷洒防治。

## 大多肉生小多肉

播种：种子成熟后即播，发芽适温16~19℃。扦插：春末剪取成熟充实叶片，插于沙床，约3周后生根，长出幼株后上盆。注意剪口要平，待剪口干燥后再插。也可采用茎顶扦插。

**喜爱温度：** 18~25℃

**浇水：** 生长期每2周1次

**光线：** 全日照

**繁殖：** 播种、扦插

**病虫害：** 锈病、黑象甲

**组合建议：** 卷绢、特玉莲

吉娃莲

充足光照下，吉娃莲叶尖变红。

全年不死浇水法则

| 1月 | 2月 | 3月 | 4月 | 5月 | 6月 | 7月 | 8月 | 9月 | 10月 | 11月 | 12月 |
|---|---|---|---|---|---|---|---|---|---|---|---|

# 花月夜

*Echeveria pulidonis*

〔**科属**〕景天科石莲花属

〔**生长期**〕夏季

俗称"红边石莲花"

花月夜缀化

**喜爱温度：** 18~25℃

**浇水：** 生长期每2周1次

**光线：** 全日照

**繁殖：** 播种、扦插

**病虫害：** 锈病、根结线虫

**组合建议：** 静夜、吉娃莲

水培时不需要整个根系入水，可以留一部分根系在水面上，更有利于生长。

## 摸透它的习性

原产于墨西哥。喜温暖、干燥和阳光充足的环境。不耐寒，耐干旱和半阴。

## 养护一点通

每年春季换盆。盆土用泥炭土和粗沙的混合土，加少量骨粉。生长期每2周浇水1次，盆土切忌过湿。冬季只需浇水1次或2次，盆土保持干燥。空气干燥时，不要向叶面喷水，只能向盆器周围喷雾，以免叶丛中积水导致腐烂。生长期每月施肥1次，用稀释饼肥水或用"卉友"15-15-30盆花专用肥。肥液切忌玷污叶面。

## 大多肉生小多肉

播种：种子成熟后即播，发芽适温16~19℃。扦插：春末剪取成熟叶片，插于沙床，约3周后生根，长出幼株后上盆。也可采用顶茎扦插，留下基部叶盘，可以萌发更多子株。

全年不死浇水法则

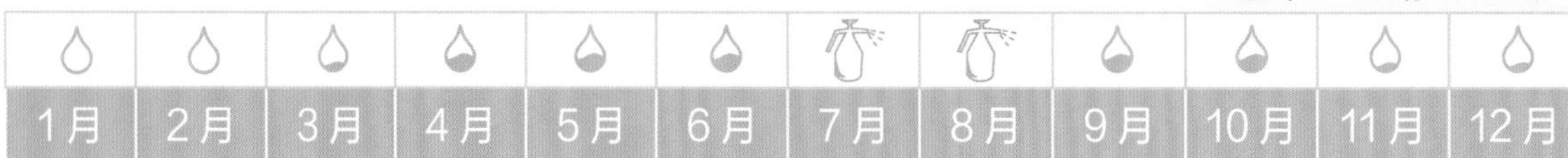

# 春梦殿锦

Anacampseros telephiastrum 'Variegata'

〔**科属**〕马齿苋科回欢草属

〔**生长期**〕夏季

俗称"吹雪之松锦"

## 摸透它的习性

为吹雪之松的斑锦品种。喜温暖、干燥和阳光充足的环境。不耐寒，耐干旱和半阴，忌水湿和强光。

## 养护一点通

每年春季换盆。属浅根性肉质植物，浇水多了或者盆土排水不畅，根部易受湿腐烂，立即重新扦插才能救活。天气干燥时向盆器周围喷雾，不要向叶面喷水。冬季室温低，盆土保持干燥。每月施肥1次，用稀释饼肥水或用"卉友"15-15-30盆花专用肥。

## 大多肉生小多肉

播种：4~5月采用室内盆播，发芽适温20~25℃，播后15~21天发芽，幼苗生长较快。扦插：5~6月进行，剪取健壮、肥厚的顶端茎叶，长3~4厘米，7~8片，稍晾干后插于沙床，土壤保持稍干燥，插后21~27天生根。

**喜爱温度：** 18~25℃

**浇水：** 生长期每2周1次

**光线：** 全日照

**繁殖：** 播种、扦插

**病虫害：** 炭疽病、粉虱

**组合建议：** 紫牡丹、黄丽

春梦殿锦随着生长，叶腋间会有蛛丝网状的白丝毛缠绕，颇具观赏价值；其他回欢草属：红花韧锦、银蚕。

全年不死浇水法则

| 1月 | 2月 | 3月 | 4月 | 5月 | 6月 | 7月 | 8月 | 9月 | 10月 | 11月 | 12月 |
|---|---|---|---|---|---|---|---|---|---|---|---|

# 霜之朝

*Echeveria simonoasa*

〔科属〕景天科石莲花属

〔生长期〕夏季

**喜爱温度：** 18~25℃

**浇水：** 生长期每2周1次

**光线：** 全日照

**繁殖：** 扦插

**病虫害：** 锈病、根结线虫

**组合建议：** 黄丽、新玉缀

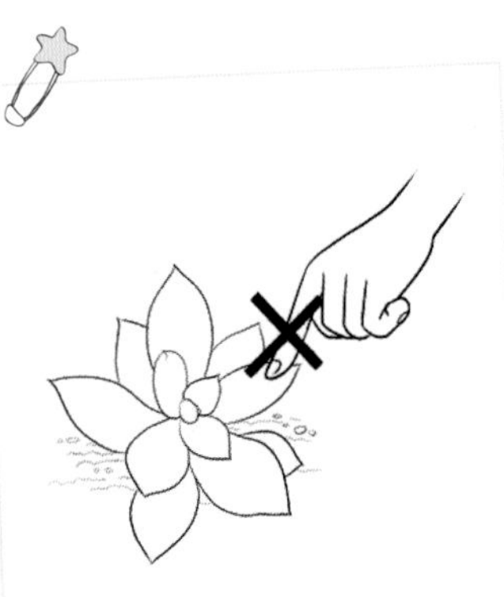

叶片上的白粉会让霜之朝格外美丽，不要经常碰触留下难看痕迹。

## 摸透它的习性

原产于墨西哥。喜温暖、干燥和阳光充足的环境。不耐寒，耐干旱和半阴。

## 养护一点通

春秋季生长迅速，须控制浇水，每2周浇水1次，盆土切忌过湿，以防止徒长。冬季只需浇水1次或2次，盆土保持干燥。浇水时不要向叶片和叶心喷洒。生长期每月施肥1次，用稀释饼肥水或用"卉友"15-15-30盆花专用肥。肥液切忌玷污叶面。发生根结线虫时，可用3%呋喃丹颗粒剂防治。

## 大多肉生小多肉

扦插：春末剪取成熟叶片扦插，插于沙床，约3周后生根，长出幼株后上盆。注意剪口要平，待剪口干燥后再插。也可采用茎顶扦插，留下叶盘，可继续萌生更多子株。

全年不死浇水法则

| 1月 | 2月 | 3月 | 4月 | 5月 | 6月 | 7月 | 8月 | 9月 | 10月 | 11月 | 12月 |
|---|---|---|---|---|---|---|---|---|---|---|---|

# 银星

Graptoveria 'Silver Star'

〔**科属**〕景天科风车草属

〔**生长期**〕夏季

## 摸透它的习性

为风车草属和石莲花属的属间杂交品种。喜温暖、干燥和阳光充足的环境。不耐寒，耐干旱和半阴。

## 养护一点通

每年春季换盆，盆土用泥炭土、培养土和粗沙的混合土，加少量骨粉。春夏季生长期，盆土保持湿润。每月施肥1次，或用“卉友”15-15-30盆花专用肥。夏季休眠时，停止施肥，盆土稍干燥。春夏开花，从莲座状叶盘中心抽出花葶，花后叶盘逐渐枯萎死亡。为保护叶盘，要及时剪除去抽薹。

## 大多肉生小多肉

扦插：全年可进行，以春秋季为宜。插穗可用莲座状顶枝，插入沙床，保持室温20~24℃，插后15~20天生根。也可用成熟的叶片，平卧或斜插于沙床，插后10天左右生根。

**喜爱温度：** 18~24℃

**浇水：** 生长期每周1次

**光线：** 全日照

**繁殖：** 扦插

**病虫害：** 锈病、黑象甲

**组合建议：** 红卷绢、紫珍珠

蓝豆

银星叶尖带尾，明显区别于其他风车草属。

全年不死浇水法则

| 1月 | 2月 | 3月 | 4月 | 5月 | 6月 | 7月 | 8月 | 9月 | 10月 | 11月 | 12月 |
|---|---|---|---|---|---|---|---|---|---|---|---|

# 卡梅奥

Echeveria 'Cameo'

〔**科属**〕景天科石莲花属

〔**生长期**〕春秋季

**喜爱温度：** *18~25℃*

**浇水：** 生长期每周1次

**光线：** 全日照

**繁殖：** 扦插、分株

**病虫害：** 锈病、根结线虫

**组合建议：** 火祭、特玉莲

## 摸透它的习性

为石莲花属的栽培品种。喜温暖、干燥和阳光充足的环境。不耐寒，耐干旱，怕水湿。

## 养护一点通

每年春季换盆，盆土用泥炭土和粗沙的混合土，加少量骨粉。生长期盆土不宜过湿，每周浇水1次。冬季只需浇水1次或2次，盆土保持干燥。空气干燥时，可向植株周围喷雾，增加空气湿度。不能向叶面和叶心浇灌，否则叶片极易腐烂。生长期每月施肥1次，用稀释饼肥水或用"卉友"15-15-30盆花专用肥。阳光充足和温差增大时，叶片会变成红色。

## 大多肉生小多肉

扦插：春末剪取成熟叶片扦插，插于沙床，约3周后生根，长出幼株后上盆。注意剪口要平，待剪口干燥后再插。分株：如果母株基部萌发有子株，可在春季分株繁殖。

全年不死浇水法则

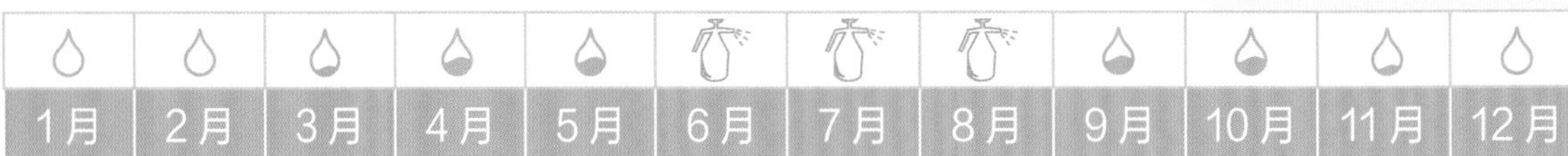

# 黑法师

Aeonium arboreum var. atropurpureum

〔**科属**〕景天科莲花掌属

〔**生长期**〕冬季

## 摸透它的习性

原产于摩洛哥。喜温暖、干燥和阳光充足的环境。不耐寒，耐干旱和半阴，怕高温和多湿，忌强光。

## 养护一点通

每年早春换盆。春季换盆时，剪除植株基部萎缩的枯叶和过长的须根。盆土用腐叶土、培养土和粗沙的混合土，加少量骨粉。生长期每2周浇水1次，保持盆土有潮气即可，若盆土过湿，茎叶易徒长。夏季高温处休眠状态和冬季室温低时，浇水不宜多，盆土保持稍湿润。每月施肥1次，用稀释饼肥水或用"卉友"15-15-30盆花专用肥。若施肥过多，会引起叶片徒长，植株容易老化。盛夏保持半阴。冬季要求光线充足，植株有向光性，定期转动盆向，以免株体发生弯曲。

## 大多肉生小多肉

扦插：母株周围旁生的子株可剪下用于扦插。插后3~4周生根，扦插成活率高，成苗快。

**喜爱温度：** 20~25℃

**浇水：** 生长期每2周1次

**光线：** 全日照

**繁殖：** 扦插

**病虫害：** 叶斑病、黑象甲

**组合建议：** 绒针、曲水扇

阳光充足，通风良好的环境下，春季黑法师会自然生长成多头。

全年不死浇水法则

| 1月 | 2月 | 3月 | 4月 | 5月 | 6月 | 7月 | 8月 | 9月 | 10月 | 11月 | 12月 |
|---|---|---|---|---|---|---|---|---|---|---|---|

# 玉吊钟

Kalanchoe fedtschenkoi 'Rosy Dawn'

〔**科属**〕景天科伽蓝菜属

〔**生长期**〕夏季

俗称"变叶景天"

玉吊钟锦

**喜爱温度:** 15~20℃

**浇水:** 生长期每周1次或2次

**光线:** 全日照

**繁殖:** 扦插

**病虫害:** 褐斑病、粉虱

**组合建议:** 小球玫瑰、黄丽

春秋季温度在10~20℃，且日照充足时，玉吊钟会变粉红色。

## 摸透它的习性

原产于马达加斯加。喜温暖、干燥和阳光充足的环境。耐干旱，怕水湿，冬季不低于10℃。

## 养护一点通

每年春季换盆，换盆时修剪植株。盆土用腐叶土、培养土和粗沙的混合土。盆栽后放阳光下栽培，如长期在遮阴处，则茎叶易徒长，节间不紧凑，叶片暗淡无光泽。生长期盆土湿度不宜太大，每周浇水1次。生长期每月施肥1次或用"卉友"15-15-30盆花专用肥。若肥水过多，植株节间拉长，叶片柔软，容易患病。

## 大多肉生小多肉

扦插：全年均可进行，以春秋季为宜。剪取成熟的顶端枝条扦插，插后7~10天生根。

全年不死浇水法则

| 1月 | 2月 | 3月 | 4月 | 5月 | 6月 | 7月 | 8月 | 9月 | 10月 | 11月 | 12月 |
|---|---|---|---|---|---|---|---|---|---|---|---|

# 快刀乱麻

Rhombophyllum nelii

〔**科属**〕番杏科快刀乱麻属

〔**生长期**〕春秋季

俗称"橙黄棒叶花"

**喜爱温度:** 18~24℃

**浇水:** 生长期每周1次

**光线:** 全日照

**繁殖:** 播种、扦插

**病虫害:** 叶斑病、蚜虫

**组合建议:** 照波、白佛甲

开花期,需要增加浇水量,否则花朵会很快凋谢。

## 摸透它的习性

原产于南非。喜温暖、干燥和阳光充足的环境。不耐寒,耐干旱和半阴。

## 养护一点通

每1~2年春季换盆1次。盆土用泥炭土、粗沙的混合土,加入少量骨粉。生长期适度浇水,夏季在空气湿度低时需适度浇水,冬季保持干燥。生长期每月施氮素肥1次。整个花期容易受到蚜虫危害,可用50%灭蚜威2000倍液喷杀。预防叶斑病,可喷洒65%代森锰锌可湿性粉剂600倍液。

## 大多肉生小多肉

播种:春季播种,发芽适温19~24℃。扦插:生长期剪取带叶的分枝进行扦插,插穗晾1~2天干燥后,插入沙床,否则易腐烂。插后沙床保持稍湿润即可。

全年不死浇水法则

| 1月 | 2月 | 3月 | 4月 | 5月 | 6月 | 7月 | 8月 | 9月 | 10月 | 11月 | 12月 |
|---|---|---|---|---|---|---|---|---|---|---|---|

# 多肉开花，看着就会充满爱

## 福寿玉

Lithops eberlanzii

〔**科属**〕番杏科生石花属

〔**生长期**〕冬季

**喜爱温度：**15~25℃

**浇水：**生长期每3周1次

**光线：**全日照

**繁殖：**播种、扦插

**病虫害：**叶腐病、根结线虫

**组合建议：**熊童子、虹之玉

一般在春天，福寿玉会出现蜕皮现象。此时注意控水。

### 摸透它的习性

原产于南非。喜温暖、干燥和阳光充足的环境。不耐寒，耐干旱和半阴，怕水湿和强光。

### 养护一点通

每2年换盆1次，盆土用腐叶土、培养土和粗沙的混合土，加少量干牛粪。生长期盆土保持湿润，夏季高温强光时适当遮阴，少浇水。秋凉后盆土保持稍湿润。冬季盆土保持稍干燥。生长期每半月施肥1次，用稀释饼肥水或用“卉友”15-15-30盆花专用肥。秋季花后暂停施肥。福寿玉根系少而浅，周围摆放卵石，既美观又起支撑作用。

### 大多肉生小多肉

播种：常在春季或初夏室内盆播，发芽适温19~24℃，播后7~10天发芽，幼苗生长特别迟缓，浇水必须谨慎，幼苗养护要细心，喜冬暖夏凉气候。实生苗需2~3年才能开花。扦插：初夏选取充实的球状叶扦插，插后3~4周生根，待长出新的球状叶后移栽。

全年不死浇水法则

# 空蝉

*Conophytum regale*

〔**科属**〕番杏科肉锥花属

〔**生长期**〕冬季

## 摸透它的习性

原产于纳米比亚至南非。喜温暖、低湿和阳光充足的环境。夏季怕高温多湿，不耐寒。

## 养护一点通

每2年换盆1次，栽植时宜浅不宜深。生长期盆土保持稍湿润。夏季高温强光时少浇水，秋凉后盆土保持稍湿润，冬季盆土保持稍干燥。生长期每月施肥1次，用稀释饼肥水或用“卉友”15-15-30盆花专用肥。春季新叶生长期，避开阳光暴晒，盆土忌过湿。

## 大多肉生小多肉

播种：4~5月或9~10月室内盆播，发芽适温18~24℃，播后10天左右发芽。扦插：在5~6月进行，选取充实的肉质球叶，从顶部切开，稍晾干后插入沙床，室温20~22℃，插后14~17天可生根。分株：3年生以上的植株，春季结合换盆，进行分株繁殖。

**喜爱温度：** 17~25℃

**浇水：** 生长期保持稍湿润

**光线：** 全日照

**繁殖：** 播种、扦插、分株

**病虫害：** 叶腐病、根结线虫

**组合建议：** 生石花、肉锥花

肉锥花属与生石花属常容易混淆，其明显区别在于肉锥花属形状多样，叶片中间有小口，而生石花属叶形多为卵状或锥状，一条缝隙将叶片分为两部分。

全年不死浇水法则

# 长寿花

Kalanchoe blossfeldiana

〔科属〕景天科伽蓝菜属

〔生长期〕夏季

俗称"寿星花""好运花"

重瓣长寿花

**喜爱温度:** 15~25℃

**浇水:** 生长期每周1次或2次

**光线:** 全日照

**繁殖:** 扦插

**病虫害:** 叶斑病、介壳虫

**组合建议:** 黄丽、虹之玉

室内温度偏低,会使长寿花只长花苞,推迟开花。

## 摸透它的习性

原产于马达加斯加。喜温暖、稍湿润和阳光充足的环境。耐干旱,怕高温,耐半阴,怕水湿。

## 养护一点通

每年春季花后换盆,盆土用肥沃园土、泥炭土和粗沙的混合土。生长期每周浇水1次或2次,盆土不宜过湿。盛夏要控制浇水,注意通风。若高温多湿,叶片易枯黄脱落。生长期每半月施肥1次,用腐熟饼肥水,或用"卉友"15-15-30盆花专用肥。秋季形成花芽,应补施1次或2次磷钾肥。花谢后及时剪除残花,有利于再度开花。

## 大多肉生小多肉

扦插:在5~6月或9~10月为宜。剪取稍成熟的肉质茎,长5~6厘米,插入沙床,保持较高空气湿度,插后2~3周生根,4~5周盆栽。

全年不死浇水法则

| 1月 | 2月 | 3月 | 4月 | 5月 | 6月 | 7月 | 8月 | 9月 | 10月 | 11月 | 12月 |
|---|---|---|---|---|---|---|---|---|---|---|---|

# 锦晃星

Echeveria pulvinata

〔**科属**〕景天科石莲花属

〔**生长期**〕夏季

俗称“绒毛掌”“白闪星”

## 摸透它的习性

原产于墨西哥。喜温暖、干燥和阳光充足的环境。不耐寒，耐干旱和半阴，忌积水。

## 养护一点通

每年春季换盆。换盆时，剪除植株基部萎缩的枯叶和过长的须根。生长期每2周浇水1次，盆土切忌过湿。冬季只需浇水1次或2次，盆土保持干燥。空气干燥时，不要向叶面喷水，只能向盆器周围喷雾，以免叶丛中积水导致腐烂。生长期每月施肥1次，用稀释饼肥水或用“卉友”15-15-30盆花专用肥。肥液切忌玷污叶面。

## 大多肉生小多肉

扦插：春末剪取成熟叶片扦插，插于沙床，约3周后生根，长出幼株后上盆。也可用莲座状茎顶扦插。分株：如果母株基部萌发有子株，可在春季分株繁殖。

**喜爱温度：** 18~25℃

**浇水：** 生长期每2周1次

**光线：** 全日照

**繁殖：** 扦插、分株

**病虫害：** 叶斑病、黑象甲

**组合建议：** 虹之玉、银手球

全株密生毛茸茸的绒毛，容易沾染灰尘，可用小刷子扫去。

全年不死浇水法则

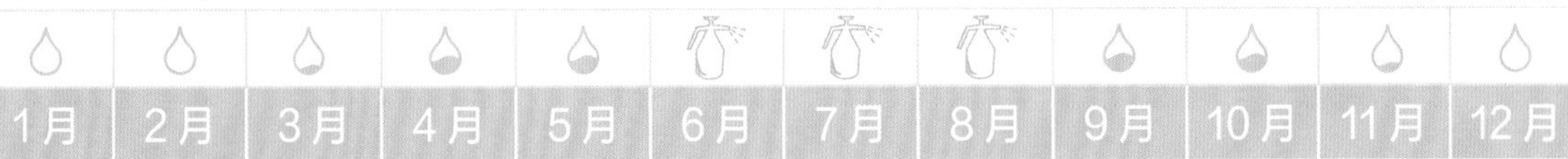

# 荒波

Faucaria tuberculosa

〔**科属**〕番杏科肉黄菊属

〔**生长期**〕春秋季

**喜爱温度：** *18~24℃*

**浇水：** 生长期每2周1次

**光线：** 全日照

**繁殖：** 分株、播种

**病虫害：** 叶斑病、介壳虫

**组合建议：** 白佛甲、锦晃星

在花盆表面铺一层深色的小砾石，可有助提高盆土温度，促进秋季开花。

## 摸透它的习性

原产于南非。喜温暖、干燥和阳光充足的环境。不耐寒，耐干旱，忌水湿和强光。

## 养护一点通

每年春季花后换盆。换盆时，剪除植株基部萎缩的枯叶和过长的须根。生长期每2周浇水1次，盆土保持稍湿润。空气干燥时，可喷水增加湿度。浇水时不能浸湿叶片基部。冬季每6周浇水1次，盆土保持干燥。生长期每月施肥1次，用稀释饼肥水或用“卉友”15-15-30盆花专用肥。夏季高温时处于半休眠状态，须遮阴和通风，停止施肥。

## 大多肉生小多肉

分株：4~5月结合换盆进行，从基部切开，将带根的植株直接盆栽，无根植株可先插于沙床，待生根后再盆栽。播种：4~5月采用室内盆播，发芽适温22~24℃。

全年不死浇水法则

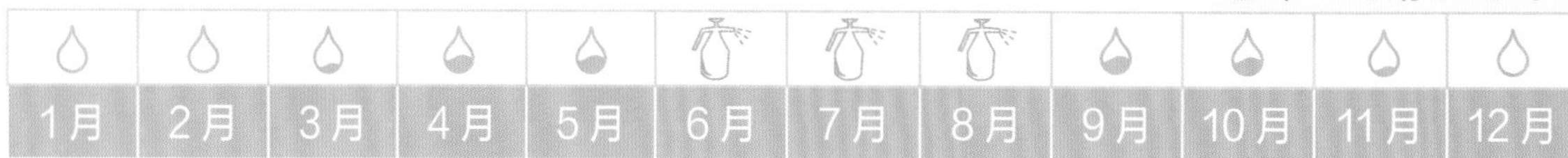

# 白花韧锦

*Anacampseros alstonii*

〔科属〕马齿苋科回欢草属

〔生长期〕夏季

俗称"阿氏加欢草"

## 摸透它的习性

原产于南非。喜温暖、干燥和阳光充足的环境。不耐寒，耐干旱和半阴，忌水湿和强光。

## 养护一点通

每年春季换盆。夏季高温强光时，应适当遮阴。肉质茎基部膨大，呈块茎状，浇水不宜多，盆土要求排水好，保持稍干燥。天气干燥时向盆器周围喷雾，不要向茎叶喷水。冬季室温低，盆土保持干燥。每月施肥1次，用稀释饼肥水或用"卉友"15-15-30盆花专用肥。

## 大多肉生小多肉

播种：4~5月采用室内盆播，发芽适温20~25℃，播后15~21天发芽。扦插：5~6月进行，剪取健壮的顶端茎，长3~4厘米，稍晾干后插于沙床，土壤保持稍干燥，插后21~27天生根。

**喜爱温度：** 20~25℃

**浇水：** 生长期每2周1次

**光线：** 全日照

**繁殖：** 播种、扦插

**病虫害：** 炭疽病、介壳虫

**组合建议：** 江户紫、星美人

其细小的枝条与根状茎相映成趣，像一条条舞动的银蛇。花朵寿命很短，每朵花从绽放到闭合不到2个小时。

全年不死浇水法则

| 1月 | 2月 | 3月 | 4月 | 5月 | 6月 | 7月 | 8月 | 9月 | 10月 | 11月 | 12月 |
|---|---|---|---|---|---|---|---|---|---|---|---|

# 星球

Astrophytum asterias

〔**科属**〕仙人掌科星球属

〔**生长期**〕夏季

俗称"星冠""星兜"

黄体琉璃兜

**喜爱温度：** 18~25℃

**浇水：** 生长期每2周1次

**光线：** 全日照

**繁殖：** 播种、嫁接

**病虫害：** 灰霉病、红蜘蛛

**组合建议：** 生石花、黄丽

修根时用手摘除细根，在球体下部粗根2~3厘米处用剪刀剪断，放7天晾干后再种入。

## 摸透它的习性

原产于墨西哥北部和美国南部。喜温暖、干燥和阳光充足的环境。较耐寒，能耐短时霜冻。

## 养护一点通

根系较浅，盆栽时球体不宜过深，盆底应多垫瓦片，以便排水。盆土用腐叶土、粗沙的混合土，加入少量骨粉和干牛粪。生长期盆土保持湿润，要有充足阳光，每月施肥1次或用"卉友"15-15-30盆花专用肥。冬季球体进入休眠期，温度不宜过高，以10℃为宜。保持盆土干燥，成年植株每3~4年换盆1次。

## 大多肉生小多肉

播种：成熟种子到4月底播种，发芽适温22~25℃，播后3~5天发芽。嫁接：在5~6月进行，常用量天尺或花盛球做砧木，接穗用播种苗或子球，接后10~12天愈后成活，第2年可开花。

全年不死浇水法则

| 1月 | 2月 | 3月 | 4月 | 5月 | 6月 | 7月 | 8月 | 9月 | 10月 | 11月 | 12月 |
|---|---|---|---|---|---|---|---|---|---|---|---|

# 五十铃玉

Fenestraria aurantiaca

〔科属〕番杏科棒叶花属

〔生长期〕春秋季

俗称"橙黄棒叶花"

## 摸透它的习性

原产于纳米比亚。喜温暖、干燥和阳光充足的环境。不耐寒，怕水湿和强光。

## 养护一点通

每2年春季换盆1次。生长期每3周浇水1次，盆土保持稍湿润。夏季高温季节，株体处于半休眠状态，盆土应保持干燥，放凉爽通风处。每月施肥1次，用"卉友"15-15-30盆花专用肥。冬季低温时，被迫进入休眠期，盆土保持干燥。冬季室温保持14℃以上，植株仍可正常生长。

## 大多肉生小多肉

播种：种子细小，春季采用室内盆播，播后不需覆土，稍加轻压。发芽适温21~24℃，播后8~10天发芽，幼苗生长较慢。分株：春季结合换盆进行，将生长密集的幼株扒开直接盆栽。

**喜爱温度：** 18~24℃

**浇水：** 生长期每3周1次

**光线：** 全日照

**繁殖：** 播种、分株

**病虫害：** 叶腐病、根结线虫

**组合建议：** 鹿角海棠、唐印

不可以采用浸盆法浇水。

全年不死浇水法则

| 1月 | 2月 | 3月 | 4月 | 5月 | 6月 | 7月 | 8月 | 9月 | 10月 | 11月 | 12月 |
|---|---|---|---|---|---|---|---|---|---|---|---|

# 落花之舞

Rhipsalidopsis rosea

〔**科属**〕仙人掌科假昙花属

〔**生长期**〕春秋季

俗称"落花舞""仙人鞭"

红花

**喜爱温度：** *18~23℃*

**浇水：** 生长期每周1次

**光线：** 半阴

**繁殖：** 扦插、嫁接

**病虫害：** 炭疽病、红蜘蛛

**组合建议：** 雅乐之舞、白佛甲

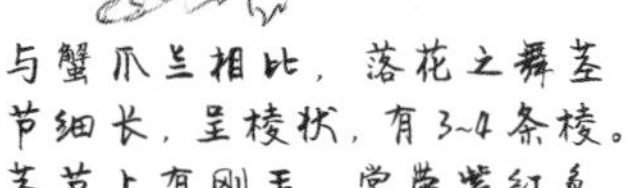
与蟹爪兰相比，落花之舞茎节细长，呈棱状，有3~4条棱。茎节上有刚毛，常带紫红色。

## 摸透它的习性

原产于巴西东南部。喜温暖、湿润和半阴的环境。不耐寒，耐半阴，怕积水。

## 养护一点通

每2年换盆1次，换盆时，剪短过长或剪去过密叶状茎。常用12~15厘米盆，吊篮用15~20厘米盆，每盆栽苗3~5株。盆土用腐叶土、肥沃园土和粗沙的混合土。春秋季的生长旺盛期每周浇水1次，保持盆土湿润。每月施低氮素肥1次或用"卉友"15-15-30盆花专用肥。夏季适当遮阴，冬季保持适度湿润，具体要根据室温高低而定。花期少搬动，以免断茎落花。

## 大多肉生小多肉

扦插：初夏选取健壮充实的茎节，剪下1~2节，稍晾干，插入沙床，2周左右生根。嫁接：春末或秋季进行，以嵌接法嫁接，约半月可愈合成活。

全年不死浇水法则

| 1月 | 2月 | 3月 | 4月 | 5月 | 6月 | 7月 | 8月 | 9月 | 10月 | 11月 | 12月 |
|---|---|---|---|---|---|---|---|---|---|---|---|

# 蟹爪兰

Schlumbergera truncatus

〔**科属**〕仙人掌科仙人指属

〔**生长期**〕冬季

俗称"圣诞仙人掌"

## 摸透它的习性

原产于巴西。喜温暖、湿润和半阴的环境。不耐寒，怕烈日暴晒和雨淋。

## 养护一点通

生长期和开花期每周浇水2次，盆土保持湿润。空气干燥时，每3~4天向叶状茎喷雾1次。花后，控制浇水。其他时间每2周浇水1次。生长期每半月施肥1次或用"卉友"15-15-30盆花专用肥。当年扦插或嫁接苗均可开花。培养2~3年可开花几十朵。花期少搬动，以免断茎落花。

## 大多肉生小多肉

扦插：以春秋季为宜。剪取肥厚变态茎1~2节，待剪口稍干燥后插入沙床，插后20~25天生根。嫁接：在5~6月或9~10月进行最好。砧木用量天尺或虎刺，接穗选健壮、肥厚变态茎2节，下端削成鸭嘴状，用嵌接法，每株砧木可接3个接穗。

**喜爱温度：** 18~23℃

**浇水：** 生长期每周2次

**光线：** 半阴

**繁殖：** 扦插、嫁接

**病虫害：** 腐烂病、红蜘蛛

**组合建议：** 白佛甲、虹之玉

不要频繁改变蟹爪兰的向光位置，否则会导致落蕾现象的发生。

全年不死浇水法则

| 1月 | 2月 | 3月 | 4月 | 5月 | 6月 | 7月 | 8月 | 9月 | 10月 | 11月 | 12月 |
|---|---|---|---|---|---|---|---|---|---|---|---|

# 绯牡丹

G mihanovichii var. friedrichii ‘vermilion Variegata’

〔科属〕仙人掌科裸萼球属

〔生长期〕夏季

俗称“红球”

绯牡丹锦

**喜爱温度：** 20~25℃

**浇水：** 生长期每周1次

**光线：** 全日照

**繁殖：** 嫁接

**病虫害：** 炭疽病、红蜘蛛

**组合建议：** 山吹、白乌

较容易开花。充足光照下，春末夏初时会开出粉红花朵。

## 摸透它的习性

原产于巴西。喜温暖、干燥和阳光充足的环境。不耐寒，耐半阴和干旱，怕水湿和强光。

## 养护一点通

每年5月换盆，一般栽培3~5年，球体色淡老化，需重新嫁接子球更新。盆土用腐叶土、培养土和粗沙的混合土。生长期每1~2天对球体喷水1次，使球体更加清新鲜艳。光线过强时，中午适当遮阴，以免球体灼伤。冬季需充足阳光，如光线不足，球体变得暗淡失色。生长期每月施肥1次，或用“卉友”15-15-30盆花专用肥。

## 大多肉生小多肉

嫁接：以春夏季进行最好，常用量天尺做砧木，嫁接前从母株上掰下健壮子球，用刀片把子球底部削平。同时，将量天尺顶部削平，然后把子球紧贴砧木切口中央，把两者绑紧即可，接后10天愈合后松绑。

全年不死浇水法则

# 照波

Bergeranthus multiceps

〔**科属**〕番杏科照波属

〔**生长期**〕夏季

俗称"仙女花"

## 摸透它的习性

原产于南非。喜温暖、干燥和阳光充足的环境。不耐寒，耐干旱和半阴，忌水湿和强光。

## 养护一点通

每年春季换盆，去除基部干枯叶片。盆土用腐叶土、培养土和粗沙的混合土，加入少量干牛粪。春秋季每2周浇水1次，必须在晴天中午进行，冬季气温低，盆土保持干燥。夏季高温时正是照波的生长期，每半月施肥1次，或用"卉友"15-15-30盆花专用肥。

## 大多肉生小多肉

播种：4~5月采用室内盆播。发芽适温20~22℃，播后8~10天发芽。扦插：在春秋季进行，剪取充实叶片带基部，插于沙床，室温保持18~20℃，插后18~20天生根。分株：3~4月结合换盆进行，将生长密集的株丛分开，可直接上盆。

**喜爱温度：** 18~24℃

**浇水：** 每2周1次

**光线：** 全日照

**繁殖：** 播种、扦插、分株

**病虫害：** 叶斑病、介壳虫

**组合建议：** 锦晃星、紫牡丹

照波夏季必须在光线充足的中午才能开花。

全年不死浇水法则

| 1月 | 2月 | 3月 | 4月 | 5月 | 6月 | 7月 | 8月 | 9月 | 10月 | 11月 | 12月 |
|---|---|---|---|---|---|---|---|---|---|---|---|

# 第三章

# 玩多肉，做合格的多肉家长

# 掌上花园，多肉爱热闹

## 多肉是群居爱好者

▲ 多肉组合。

多肉喜欢与自己脾气相近的朋友们做邻居，相似的生活习惯和爱好，不仅能让多肉们更添美丽，又可以帮助它们形成一个自然小环境。多肉们生活在一起，互帮互助，长得更快、更肥、更健康。

## 自己组合掌上花园

许多多肉爱好者在种养的基础上，利用各种栽培容器和家用淘汰的器皿、篮筐、杂件等，作为盆栽、造型盆栽、组合盆栽、瓶景和框景的材料。通过艺术的手法，使多肉成为一件非常有创意的艺术作品来装饰居室，已成为当今的一种时尚。

▲ 田园风情的木盆更加衬托出多肉组合的野趣。

### 盆栽

盆栽就是利用一般圆形或方形的普通容器，如各种塑料盆、陶盆（卡通盆）、瓷盆、紫砂盆、金属盆等，根据多肉植物体形的大小配上合适的盆器。盆栽时要注意小苗不要栽大盆，大苗不要用小盆，以苗株边缘距盆口至少1厘米为宜。同时苗株的位置要居中摆正，不要东倒西歪就可以了。

### 造型盆栽

造型盆栽是指苗株用单品种或单株的盆栽方式。与普通盆栽的区别在于盆栽的过程中给予了艺术的加工，让盆栽的多肉有一点盆景的造型。这就是玩多肉的“二年级学生”的课程。

## 造型盆栽展示

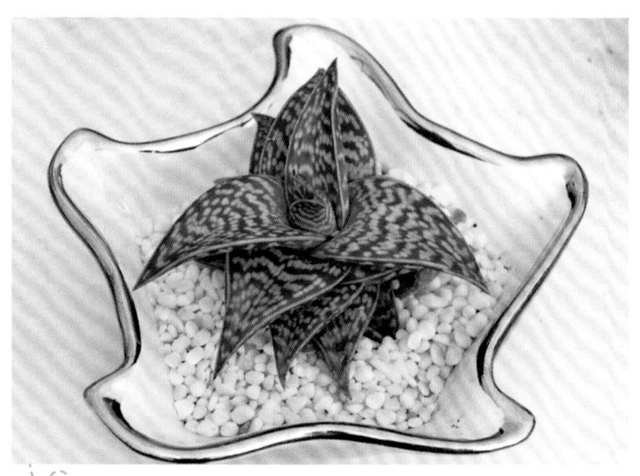

千代田锦三角形叶片上具不规则银白色斑纹，表面下凹呈“V”字形，搭配上很有质感的金属盆，别有趣味。

花叶川莲叶片肥厚，灰绿或蓝绿色叶面上布满了紫褐色斑点，犹如一块美丽的调色板，搭配上卡通盆，点缀在窗台、客厅，玲珑可爱，颇具观赏价值。

精致的彩陶盆搭配上女王花舞笠，摆放在阳光充足的地方，艳丽而多姿。

红卷绢在阳光充足的环境下，叶片由绿色变为红色，肥厚的暗红色叶片排成漂亮的莲座状，用白色瓷盆相衬，更显明丽。

## 造型盆栽展示

若歌诗茎叶易丛生，加以简单地修剪造型，就能形成姿态优美的盆景。

千代田之松缀化后叶片呈鸡冠状排列，稍加调整造型后，搭配上长椭圆形的盆器，像是给花盆戴上了一顶漂亮的大帽子。

乙女心多年养护后，能形成木质枝干，易形成老桩群生，非常壮观。

德里诺莲叶片肥厚，叶色鲜艳，很适合选择椭圆形大花盆造型搭配。

## 组合盆栽

组合盆栽是当前比较流行的盆栽方式，用草本花卉、球根花卉、观叶植物等组合搭配。只要多品种的苗株组栽在一起即可，三株，五株，或者十几株，甚至用几十株组合在一起，形成一件具有观赏价值的作品。近年来多肉植物的组合盆栽逐渐火热起来，它比起前几种方式更易制作，操作也更方便，欣赏的时间更长，养护也容易，有点像玩“魔方”一样，想怎么玩都可以，这是多肉的最大优势。

▲ 根据盆器的大小，选择组合的多肉数量。一般10~15厘米的盆，能组合5株左右的多肉。

组合多肉时，尽量选择习性相近、高矮不一的品种，既美观，又方便养护。▶

## 组合盆栽展示

A 铁甲球 喜温暖、干燥和充足阳光。

B 虹之玉 早晚温差大时放阳光充足处，叶片会变红。

C 太妃石莲 耐干旱和半阴，忌积水。

D 火祭 冬季在阳光照射下，叶片会变红。

E 唐印 冬季在明亮光照下，叶片会变红。

F 塔松 喜阳光充足，也耐半阴。

A 虹之玉 景天科，景天属。

B 玉吊钟 景天科，伽蓝菜属。

C 火祭 景天科，青锁龙属。

D 福娘 景天科，银波锦属。

E 姬胧月 景天科，风车草属。

F 八千代 景天科，景天属。

G 姬胧月 景天科，景天属。

## 组合盆栽展示

A 八千代 夏季高温强光时，适当遮阴。
B 星乙女 施肥不宜过多，以免茎叶徒长。
C 三色花月锦 盆土过湿，茎节易徒长。
D 姬胧月 不耐寒，夏季强光时稍遮阴。

A 屋卷绢 冬季温度不低于-5℃。
B 屋卷绢 土壤过湿或浇水不当，易引起腐烂。
C 虹之玉 冬季室温宜维持在10℃。
D 白牡丹 冬季温度不低于5℃。
E 黄丽 冬季温度不低于5℃。
F 条纹十二卷 冬季温度不低于10℃。

## 组合盆栽展示

A 卡梅奥 阳光充足，叶片会变红色。

B 花月夜 喜明亮光照，也耐阴。

C 火祭 喜温暖、干燥和半阴。

D 塔松 喜阳光充足，也耐半阴。

E 福娘 不耐寒，夏季需凉爽。

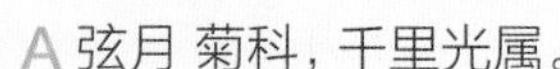

A 弦月 菊科，千里光属。

B 银角珊瑚 大戟科，大戟属。

C 黑法师 景天科，莲花掌属。

D 花叶寒月夜 景天科，莲花掌属。

E 毛叶莲花掌 景天科，莲花掌属。

F 女王花舞笠 景天科，石莲花属。

G 火祭 景天科，青锁龙属。

H 火祭锦 景天科，青锁龙属。

## 瓶景

瓶景最早出现在1850年的英国，当前在欧美已成为十分盛行的园艺商品。利用各种短颈宽腹的玻璃瓶，在瓶底铺上3~5厘米厚的砂砾，再铺上薄薄一层木炭屑，最后铺上3~4厘米厚的多肉植物专用土。根据瓶子的空间大小分别栽上多种多肉植物，栽后压实土壤，从玻璃壁慢慢浇水，以后你可能再也不用浇水了。

## 框景

以长方形、六边形、锥形的玻璃容器或玻璃水族箱作为多肉植物的栽培场所。其实有的框景中装有取暖、照明、喷雾和通风等装置，是一个典型的迷你温室，又称迷你花园。一般来说，框景的高度都在40~80厘米，其选择多肉植物的范围要比瓶景大得多，目前框景的面积都在0.2~0.3平方米，可选用15~20种多肉植物，栽植株数在20~30株。为此，框景的景观设计十分重要。

## 多肉瓶景、框景展示

瓶景比盆栽看上去更清新、干净，摆放在窗台或办公桌上，令人赏心悦目。

在多肉瓶景中还可以加入一些装饰性的小动物、小石头或是小建筑，让多肉瓶景更具趣味。

可以选择习性相似的多肉植物摆放在玻璃瓶中，玻璃瓶的大小，取决于多肉植物的大小、多少。

多肉框景中可以配有取暖、照明、喷雾和通风等装置，形成一个典型的迷你温室。

# 会繁殖，养出多肉大家族

## 春秋季，繁殖的好季节

多肉植物可以分为三种：夏型种、冬型种和中间型种。夏型种生长期是春季至秋季，冬季低温时呈休眠状态；冬型种生长季节从秋季至翌年春季，夏季高温时休眠；而中间型种生长期主要在春季和秋季。由此可见，春秋季是大部分多肉植物的生长季节。此时的气温、阳光适合大部分多肉植物的生长。因此选择在春季和秋季，对多肉植物进行繁殖，成活率高。

而在夏季和冬季，由于温度过高或过低，多数多肉植物进入休眠和半休眠期，生长缓慢，甚至停止，此时繁殖多肉，成活率极低。

多肉植物采用的繁殖方式主要有叶插、分株、砍头、根插和播种。

### 叶插

叶插是指将多肉植物的叶片一部分插于基质中，促使叶片生根，从而生长成为新的植株的繁殖方式。

▲ 石莲花属可大量叶插。

### 分株

分株是指将多肉植物母株旁生长出的幼株剥离母体，分别栽种，使其成为新的植株的生长方式。

▲ 清盛锦分株。

### 砍头

砍头是指对多肉植物的顶端进行剪切，从而促使侧芽生长的一种繁殖方式。

▲ 砍头后的多头多肉。

### 根插

根插是扦插的一种方式，指以多肉植物的根段插于土壤，从而生根成为新植株的繁殖方式。

▲ 八千代根插幼苗。

### 播种

播种是指通过播撒种子来栽培新植株的繁殖方式。这也是大多数植物采用的常见繁殖方式。

▲ 生石花播种幼苗。

几种繁殖方式中，叶插是很多多肉植物进行大量繁殖的最佳方式，而砍头是多肉植物能够快速从单头生长成多头的有效方式。

**在春秋季，多肉植物繁殖过程中，需要注意以下几点：**

1. 经过剪切的多肉，一定要经过晾干，等伤口收敛后才能进行下一步繁殖操作。
2. 用于栽培的盆土在使用前必须经过高温消毒。使用时，在土壤上喷水，搅拌均匀，调节好土壤湿度后上盆。
3. 刚刚进行过叶插、分株等繁殖的多肉植物，以及繁殖成功后新长出的幼苗，都需要小心呵护，应该摆放在半阴处或散射光处养护，避免阳光直射，严格控制浇水。

# 叶插，掉落的叶片也能活

叶插在多肉植物中应用十分普遍。百合科的沙鱼掌属、十二卷属，菊科的千里光属，龙舌兰科的虎尾兰属等多肉植物的叶片都可以通过叶插大量繁殖种苗。

## 叶插过程

**工具** 剪刀、沙床

**步骤**

❶ 选取多肉上健康、饱满的叶片。

❷ 用剪刀切下整片叶片，切口要平滑、整齐。也可以直接用手轻轻掰下叶片。

❸ 平躺放在沙床上，叶片间相距 2~3 厘米。

❹ 叶片切口不要有碰脏，摆放通风处 2~3 天，晾干。

⑤ 待叶片晾干后移至半阴处养护。

⑥ 2~3 周后生根，或从叶基处长出不定芽。

⑦ 叶插成功。

### 叶插小贴士

1. 叶插叶片应摆放在稍湿润的沙台或疏松的土面或沙床上。
2. 不要浇水，干燥时可向空气周围喷雾。
3. 不同科属的多肉，叶片摆放方式也会有所不同。如景天科叶片平放，十二卷属叶片斜插，虎尾兰可剪成小段直插。
4. 生根和长出不定芽的先后顺序，每种多肉会有所不同。
5. 随着不定芽的生长，需要增加日照时间，并适当浇水。
6. 先不要人为摘除母叶子，否则容易损伤新芽，等它的养分供给完了再摘除。

# 分株，简单又安全的方法

分株是繁殖多肉植物中简便又安全的方法。只要具有莲座叶丛或群生状的多肉植物都可以通过吸芽、走茎、鳞茎、块茎和小植株进行分株繁殖，如常见的龙舌兰科、凤梨科、百合科、大戟科、萝藦科等多肉植物。

## 分株过程

**工具** 小铲子、刷子、装有土壤的小花盆

**步骤**

① 选择需要分株的健康多肉植物。

② 选择合适的位置，将母株周围旁生的幼株小心掰开。一般春季结合换盆进行。

③ 摆正幼株的位置，一边加土，一边轻提幼株。

④ 土加至离盆口 2 厘米处为止（分析栽种好后，也可将母株一同栽入）。

❺ 用刷子清理盆边泥土，然后放半阴处养护。

❻ 分株成功，静待多肉恢复。

### 分株小贴士

1. 若秋季进行分株繁殖，要注意分株植物的安全过冬。
2. 进行分株的幼株要选择健壮、饱满的，成活率较高。
3. 若幼株带根少或无根，可先插于沙床，生根后再盆栽。
4. 斑锦品种的多肉，如不夜城锦、玉扇锦等，必须通过分株繁殖，才能保持其品种的纯正。

# “砍头”，一株变两株的妙招

“砍头”的繁殖方法，是让多肉植物从一株变为两株，从单头植株变为多头植株较为理想的方式。

## 砍头过程

**工具** 剪刀、装有土壤的小花盆

**步骤**

❶ 选择需要“砍头”的健壮多肉植物。

❷ 选择恰当的位置剪切，剪口平滑。

❸ 将剪下的部分摆放在干燥处，伤口不要碰脏。

❹ 将剪下的部分均摆放在通风处，等待伤口收敛。

❺ 伤口收敛后，将剪下的部分埋进另一盆土中养护。

❻ 将两盆多肉摆放在明亮光照处恢复。

❼ 20~30 天，母株茎干侧面长出新芽。

❽ “砍头”成功，一株变成两株。

## “砍头”小贴士

1. 叶片紧凑的多肉植物，可从其由下及上三分之一处剪切。

2. 剪切所用的剪刀或小刀建议选择较为锋利的，以利于迅速剪切，剪口平滑。

3. 剪切后，多肉植物有伤口的一面切忌碰触沙土、水，一旦沾染上，需要立即用干净的纸巾擦拭干净。

4. 多肉植物生根的过程中，切忌强光直射。

5. 从侧面长出新芽后，需要增加光照，适量增加浇水，保持盆土稍湿润即可。

# 根插，有根就能活

百合科十二卷属中的玉扇、万象等名贵种的根部十分粗壮、发达，可以采用根插的方式进行繁殖。另外，具块根性的大戟科、葫芦科多肉植物，也可采用根插繁殖。

## 根插过程

**工具** 剪刀、装有土壤的小花盆

**步骤**

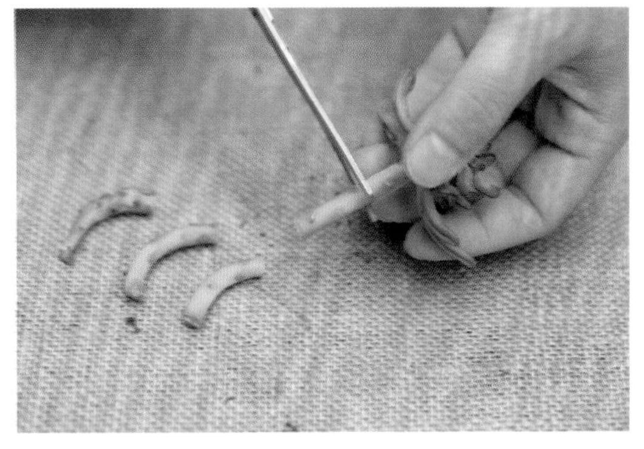

❶ 选取较成熟的肉质根剪下，剪口要平滑。

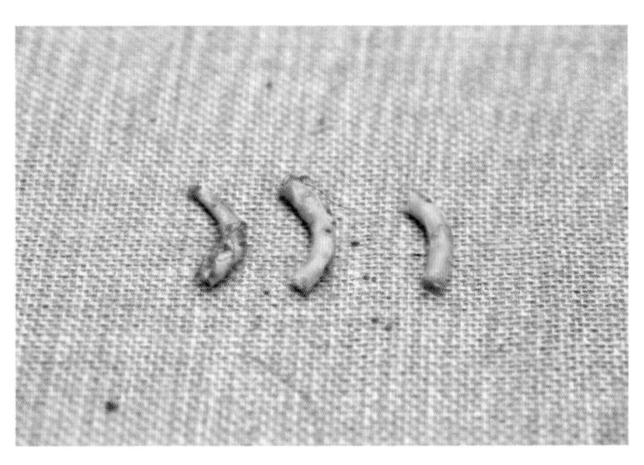

❷ 剪下的肉质根放通风处 2~3 天，等待伤口收敛。

❸ 伤口收敛后，埋进沙床中，上部稍露出 1 厘米左右。

❹ 摆放在明亮光照的环境下养护。

❺ 20~30 天，从根部顶端萌发出新芽。

❻ 1~2 个月，形成完整的小植株。

## 根插小贴士

1. 选取的肉质根要健壮，无病虫害。

2. 剪切后，有伤口的一面要朝上放置，尽量不要碰触沙土、水，如果沾染上沙土或水，需要立即用干净的纸巾擦拭干净。

3. 根插过程中适量浇水，保持盆土湿润即可。

4. 发芽之前，切忌强光暴晒。

5. 长出的新芽要特别小心照顾，需放在明亮光照下，并严格控制浇水。

# 播种，多肉爱好者的期盼

多肉植物中许多种类的种子都是浆果，可以等种子成熟后采下进行播种，也可以直接购买多肉植物的种子播种栽培。在播种过程中，看着心爱的多肉一点点长大，感受成长的快乐。

## 播种过程

**工具** 培养皿、浇水壶、竹签、喷壶、纱布、装有土壤的育苗盒

**步骤**

❶ 在培养皿或瓷盘内垫入2层或3层滤纸或消毒纱布。

❷ 注入适量蒸馏水或凉开水。

❸ 种子均匀点播在内垫物上进行催芽，需要约 15 天。

❹ 将成熟种子点播在盆器中。

❺ 摆放在阳光充足处，但需避开强光暴晒。

❻ 早晚喷雾，保持盆土湿润。

❼ 静待一段时间后，长出新发芽的幼苗。

❽ 待幼株长成后，可将其单株移入盆中栽培，更有利于植株生长。

## 播种小贴士

1. 较软的和发芽容易的种子，不需要经过催芽，可直接盆播。

2. 播种的发芽适温一般在 15~25℃。

3. 播种土壤以培养土为好，或用腐叶土或泥炭土 1 份加细沙 1 份均匀拌和，并经高温消毒的土壤。

4. 一般来说，番杏科多肉植物在播种后 1 周左右开始发芽，如露草属为 6~10 天，舌叶花属为 8~10 天，日中花属为 7~10 天；景天科多肉植物在播种后 2 周左右开始发芽，在 3 周左右基本结束发芽，如莲花掌属 12~16 天，石莲花属 20~25 天，长生草属 10~12 天，天锦章属 14~21 天；凤梨科的雀舌兰属在播种后 15~20 天发芽。其中萝藦科的国章属在播种后 2 天就见发芽，这是所有多肉植物中种子发芽最快的。

5. 新发芽的幼苗十分幼嫩，根系浅，生长慢，必须谨慎管理。播种盆土不能太干也不能太湿，夏季高温多湿或冬季低温多湿对幼苗生长十分不利。

6. 幼苗生长过程中，用喷雾湿润土面时，喷雾压力不宜大，水质必须干净清洁，避免受污染或长青苔，否则影响幼苗生长。

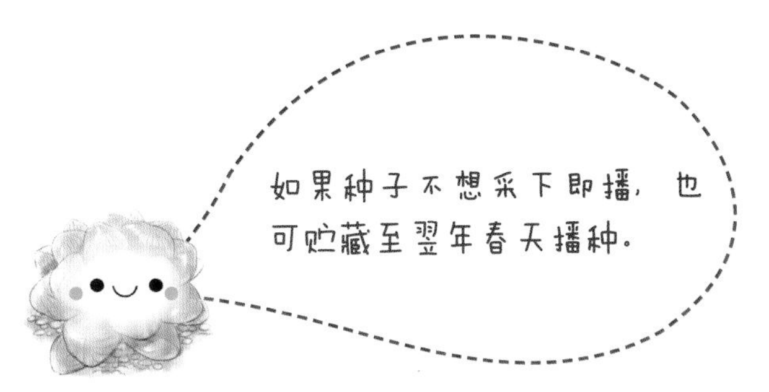


## 保存种子

### 步骤

❶ 洗净成熟的种子。

❷ 将干净的种子放在通风处晾干。

❸ 干燥后用干净的纸袋或深色小玻璃瓶保存。

❹ 摆放在温度较低，凉爽、干燥处。

### 保存种子须知道

❶ 一定要选择密封性好的容器存放种子。可以选择玻璃瓶、塑料瓶或铁盒等，且一定要盖紧，否则易导致种子发霉。

❷ 可以在常温条件下放在抽屉等凉爽、干燥处。若盛夏季节，室内温度过高，需考虑摆放在冰箱 8~10℃的冷藏室，切忌冷冻。但一定要注意防潮，种子一旦受潮就不可能再播种成功。可以选择在存储种子的容器中放一袋干燥剂。

❸ 可以在储存中途选择一个晴天中午晾晒检查一次，既防潮、换气，又能防止虫害。

❹ 切忌不同品种的种子混杂摆放，一个密封容器里只能有一个品种的种子。建议在密封容器上贴小标签，多品种要用纸袋分开，注明种子的品种和存储日期。

❺ 密封容器中种子不宜装得过满，一定要给种子留有充足的空间。

播种后新发芽的幼苗要格外照顾，必须保证适当的光照和水分才能长大。

# 关于养殖的心血之谈

虽然多肉植物属于“懒人植物”，好养易活，但是想要养出漂亮、健壮的萌肉，还是要颇费心血的。看专家的心血养殖经验，不让多肉莫名其妙地牺牲。

## 休眠还是“仙去”?

常常有多肉新手把休眠期的多肉植物当作是“仙去”的多肉，而不去理睬它们，造成了不必要的损失。实际上，大部分多肉植物在夏季或冬季时都需要经历休眠或半休眠期，这一阶段多肉植物大多会叶片脱落、褶皱，状态不佳。而真正“仙去”的多肉，一定是完全萎缩的多肉。只要还有一点没有萎缩，就有一线生机。此时需要减少浇水，适当遮阴，或摆放在温暖的地方。精心的呵护下，等休眠期过后，多肉植物们能较快恢复良好状态。

▲ 双水泡处于休眠，不是“仙去”。

## 深色花盆谨慎选

临近窗户摆放的多肉植物，到了夏季或秋季阳光强烈的时候，阳光透过玻璃直接照射在深色花盆上，会使得花盆内快速升温，影响多肉植物的生长。如果再发生浇水不当的情况，多肉植物很容易“仙去”。因此，摆放在窗户附近的多肉植物不要用深色的花盆，可以选择在花盆前摆放一块白色的反光塑料板，避开阳光直射。

▲ 种在黑色盆中的花舞笠，盛夏时易“仙去”，可在春季提早换成白色盆。

## 多肉浇水首选——挤压式弯嘴壶

给多肉植物浇水、喷雾时，切忌向叶面浇水、喷水。沾上水珠的多肉植物，在太阳照射下，很容易晒伤。浇水时沿花盆边缘浇水，可以选择使用挤压式弯嘴壶浇水，既可以控制水量，防止水大伤根，又能够避免水浇灌到植株中，防止叶片腐烂。而对于一些养护在瓶景中的多肉植物以及迷你多肉植物，还可以选择滴管浇水。喷雾时，向花盆周围喷洒。如果水珠滴落在叶片上，尽快用纸巾擦拭干净。

## 多肉受伤了，更要小心照顾

▲ 剪下的多肉叶片要保持清洁，晾干后扦插。

多肉在进行叶插、砍头等繁殖时，通常都要对其进行剪切，剪切后留下的伤口一定不能碰水，也不能沾染泥土，一旦碰上，应立即用干净纸巾擦去，否则伤口很容易感染病菌，发霉腐败，使繁殖失败。剪切过的多肉，应放在明亮光照、通风处，等伤口痊愈后再插入沙土中。晾干过程中切忌强烈阳光直射，否则容易被晒干。如果出现了叶子发霉腐败的现象，一定要将坏叶子及早处理掉，不要与健康的叶子放在一起，否则很容易使健康的叶子也感染病菌而生病。

## 叶片是叶插的关键

很多多肉爱好者都发生过叶插失败的情况，叶插叶子中途就化水或发霉。这其中原因很多，但主要是与叶片本身的健康情况和叶片是否在叶插前碰触过水有关。因此，在叶插时，切忌因为嫌弃叶子表面不干净而用水冲洗，经过冲洗的叶子叶插失败的概率会增加。此外，有些叶子会先生根再出芽，而有些叶子会先出芽再生根，也有二者同时出现的，对于那些先长出根系的叶子，一定要在根系刚长出时就将其埋入土中。根系暴露在空气中，很容易干枯死亡。

## 叶插后的母叶，摘还是不摘？

叶插成功后，2~3周后叶插母叶基部会生根，或从叶基处长出不定芽。随着不定芽的生长，母叶会不断干枯、缩小，暂时不用管理它，等到不定芽的大小超过叶插的母叶，母叶基本已经干枯时，可以直接摘除。

▲ 刚刚长出小芽，此时的叶插母叶不要摘。

▲ 幼株形成，叶插母叶自然萎缩，摘除即可。

## 发现一只虫，警钟响起

当你在多肉植物的叶片上发现了一只虫子，千万不要掉以轻心，很有可能已经有很多虫子埋伏在多肉植物的叶片里、根系中。此时，多肉家长要立刻敲响警钟，采取行动。先将发现的小虫们用镊子夹出处理掉，再配制杀虫药水喷杀。如介壳虫可用速扑杀乳剂800~1000倍液喷杀，红蜘蛛可用40%三氯杀螨醇乳油1000~1500倍液喷杀。一旦行动迟缓了一步，多肉植物很可能就会被虫子们占领。

▲ 一只卷叶蛾危害白雪姬的结果。

## 保护多肉大作战，防鸟、防猫、防老鼠

除了可恶的虫子们会危害到多肉的健康，其实多肉植物还有很多天敌，比如家里好奇心旺盛的猫，从下水道跑到窗台的老鼠，爱啄多肉的麻雀，还有万恶的蟑螂，跟蜗牛差不多的蜒蚰……它们都可能使多肉受到伤害。例如生石花，被鸟吃过之后特别容易烂。为了自家心爱的多肉，必须采取行动，让娇嫩的它们更好地成长。

对付小鸟的办法应该是买一些网罩，罩在露养的多肉植物上。也可以在花盆周围插上几个五颜六色的风车，或是红色的塑料袋，或是摆上几张光盘，都能有效地谢绝小鸟登门造访。

防备小猫的偷袭，可以把多肉植物尽量放在较高的窗台、阳台架上，并在花盆的边缘插上几根尖尖的牙签。

老鼠的偷袭常常让人防不胜防，可以选择在花盆的周围放上几个粘鼠板，特别是老鼠曾经路过的地方，坚持两三天，就会成功抓获老鼠。

娇小可爱、叶片肥厚的生石花，是小鸟们很喜欢的，露养要特别小心。▶

## 天气预报，每天必修功课

养护多肉植物，需要每天关注天气预报。因为不同的天气情况，多肉植物们对于水分的要求也会不同。气温较高时，多肉植物多浇水，而盛夏时节和气温较低时浇水量需要减少。到了阴雨天一般不浇水。准确把握天气情况，才能制订出为多肉植物浇水的适宜方案。

## 身披白粉的多肉不能多触碰

一些品种的多肉植物上会披有白粉，这些白粉只生一次，一旦被手抹掉或是被水冲洗掉，就不能再出现，只能等长出新的叶片，这样会大大削弱观赏价值。因此平日里，不要经常碰触披有白粉的多肉植物，浇水、喷雾时也要避开叶片，否则就会留下难看痕迹。

▲ 雪莲叶片触碰后掉落的白粉，不会再恢复。

## 给群生小苗生长的空间

不少多肉植物会出现群生的现象，也就是在基部叶片下长出小苗，如玉蝶、茜之塔、佛座莲等都很容易群生。一般来说，不需要特殊管理，但是如果基部叶片太多，会挤压小苗，让小苗没有生长的空间。特别是在夏天，小苗甚至会被闷死在基部叶片下。因此，需要适当地修剪或者直接掰下挨近小苗的叶片，给予小苗生长的空间。掰下的叶片还能够用来叶插，生长出更多的植株。

▲ 一株屋卷绢可以生长出8株以上的蘖芽。

# 和多肉一起爱上四季

## 春，多肉在长大

春季是大部分多肉植物的生长季节，经历了冬季的休眠，不久的将来又要经历酷热的夏季，此时给予多肉植物们更多关心，可以让它们快速从休眠期中恢复良好状态，又能为将来的苦战做好充分的营养储备。

### 换盆好时机

▲雅乐之舞根系长出盆孔，是换盆的信号。

一般春季4~5月，气温达到15℃左右，是多肉植物茎叶生长的旺盛期，而经过一年生长的多肉植物，其根系已经较为健壮，充塞盆内，盆土的营养已经被消耗殆尽，如果不及时换盆，便会缺少多肉植物继续生长的空间和营养。

每年春季换盆时，可以将根部的那些已经被耗尽养分，变得板结，透气和透水性差的土壤全部去除，换上新的盆土。再根据植株的大小，选择一个合适的盆器。以利于多肉植物之后的生长。此外，结合换盆，还应适当修剪多肉植物，保持其优美株态。

### 春季养护须知

多肉植物在休眠期间大多会出现叶片掉落、褶皱，植株萎缩等不良现象。因此水分和阳光对于刚刚苏醒的多肉植物是非常重要的。适当地增加浇水量，保持盆土湿润，以及延长光照时间，保证充分的日照，可以帮助多肉植物们尽快从不好的状态中恢复过来。不过我国早春大部分地区一般气候不稳定，气温往往偏低，阳光不强烈，水分消耗不多，以早晚浇水为宜。

另外，为了有利于营养储备和当下的生长需要，可适当施肥，一般可以每月施肥1次，或用“卉友”15-15-30盆花专用肥。

# 夏，天热？不怕不怕

盛夏的高温，不仅让人们感觉到酷热难当，就是对于耐旱的多肉植物来说，也是难以忍受的。大多数多肉植物都会“苦夏”，在夏天普遍状态不良，进入休眠或半休眠期。此时浇水多了，容易引起根部腐烂，而浇水不足，又会影响多肉植物的正常状态。因此，这一阶段要认真观察多肉植物的生长动态，合理浇水，让多肉植物可以安全越夏。

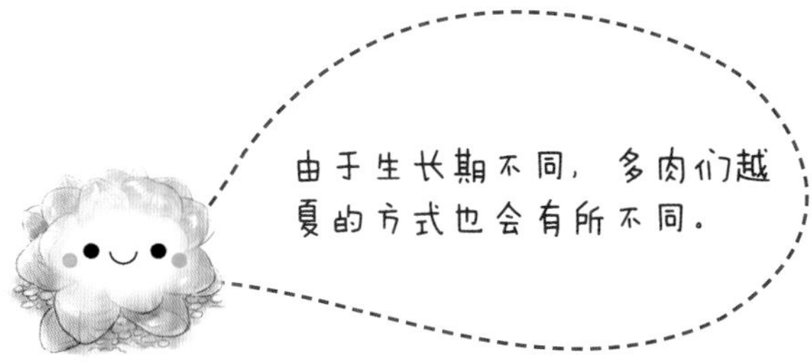


## 夏季生长的多肉 

对于生长期在夏天的多肉来说，夏季需要适当增加浇水量和喷雾次数。盛夏光线过强时，应适当遮阴，但要注意遮阴时间不宜太长，否则会影响叶色和光泽。

▲花月夜夏季也能生长。

◀山地玫瑰夏季休眠。

## 夏季休眠的多肉 

对于正处在休眠和半休眠期的多肉植物，此时必须保持冷凉干燥的环境，摆放在半阴和通风良好的地方。停止施肥，并严格控制浇水。夏季适宜的浇水时间是清晨，保持盆土稍湿润即可。如果盆土湿度过高，会引起多肉植物基部茎叶变黄腐烂。在高温、空气干燥时，可适当向植株周围喷雾，保持空气湿度在45%~50%，有的种属需要保持在70%左右，但喷雾时切忌用水直接喷洒叶片。

# 秋，适宜欣赏多肉的时节

秋季是多肉植物最美的季节，想要让多肉植物表现出它们完美的一面，需要精心地养护。

## 控制浇水，增加空气湿度

进入秋季，气温稍有下降，加之昼夜温差加大，多肉植物又恢复了正常生长，可多浇些水。由于多肉植物有夜间生长的特性，根据气温的变化，初秋的傍晚及深秋的午后浇水，有利于植株的生长。阴天少浇水，下雨天则停止浇水。增加空气湿度对原产在高海拔地区的多肉植物十分有利，在秋季生长期，相对湿度宜保持在45%~50%，少数种类可达到70%左右。

## 合理修剪，优化植株造型

多肉植物多数体形较小，茎、叶多为肉质，进入秋季，生长速度相对加快。对茎叶生长过长的白雪姬、碧雷鼓、吊金钱等，通过摘心，可促使其多分枝，多形成花蕾，多开花，使株形更紧凑、矮化。对沙漠玫瑰、鸡蛋花等进行疏枝，可保持株形外观整齐。植株生长过高的彩云阁、非洲霸王树、红雀珊瑚等，用强剪来控制高度。对生长吸芽过多的红卷绢、子持年华等，除去过多的吸芽，能让株形更美。

秋季正值许多仙人掌植物花后和继续生长的阶段，适时、合理的修剪，不仅可以压低株形，促使分枝，让植株生长更健壮，株形更优美，还能促使其萌生子球，用于扦插或嫁接繁殖。大多数仙人掌植物如果在花后不留种，要及时剪去残花，以免因结实而多消耗养分，不利于新花蕾的形成。对假昙花、锁链掌、隐柱昙花、龙凤牡丹和容易生长子球的仙人掌等，通过疏剪叶状茎和剥除过密的子球，可使株形美观。对初冬开花的蟹爪兰、仙人指等，要及时摘蕾。对柱状的仙人掌，如白芒柱、龙神柱等，应适当短截，压低株形，准备越冬。

▲缘红辨庆。

▲铭月。

▲白凤。

# 冬，让它和你一起温暖

大多数多肉植物原产热带、亚热带地区，冬季温度比我国大部分地区要高。因此，在我国绝大多数多肉品种必须在室内阳光充足的地方栽培越冬。如若低温或荫蔽，植株会生长不良，甚至会逐渐萎缩。

## 根据室温，选择多肉

根据我们日常窗台或封闭阳台的条件，可以栽培的多肉植物名单参考如下：

室温0~5℃时，可栽培龙舌兰、沙鱼掌、露草、棒叶不死鸟等。

室温5~8℃时，可栽培仙人掌科植物以及莲花掌、芦荟、银波锦、神刀、雀舌兰、石莲花、肉黄菊等。

室温8~12℃时，可栽培酒瓶兰、吊金钱、虎刺梅、光棍树、十二卷、月兔耳、生石花、长寿花、大花犀角、紫龙角、鬼脚掌等。

## 注意通风，停止浇水

冬季搬入室内的多肉植物，如果空气不流通或者湿度过大，则会引起植株病变。为了避免这种情况，室内需1~2天通风1次，一般情况下每2~3天透气1次，但要避免冷风直吹盆栽。

此外，大部分多肉植物冬季都应该停止施肥、减少浇水，即使浇水，也应在晴天午前浇水。而气温过低时喷雾也应该停止，以免空气中湿度过高发生冻害。

▲玉缀冬季室温0~5℃。

▲紫珍珠冬季室温5~8℃。

▲月兔耳冬季室温8~12℃。

# 学一点小技巧，多肉美美的

## 大温差，养出果冻色

想要将多肉养出果冻色，一是需要充足的日照，但不能是强光暴晒。二是需要较大的温差。其中大温差是多肉变色的主要原因。但大温差要在合理的范围内。秋天的阳光充足，且早晚凉爽，中午温度较高，一天的温度一般在10~20℃变化，所以一般秋天是多肉植物变色的好季节。不要为了追求多肉植物的变色，在冬天或盛夏季节，将多肉植物从室内突然移至室外，制造大温差，这样很容易让多肉植物冻伤或灼伤。

## 巧用剪刀，养出多头多肉

多头的多肉比单头的多肉更具观赏价值。有些多肉植物，如黑王子会随着生长，自然生长出多头，但一般时间较长。想要快点养出多头多肉，需要剪刀的帮忙。等多肉植物生长得较大时，或已经发生徒长时，用剪刀对多肉植物进行砍头，剪去茎干顶端部分，以促进侧芽的生长。剪切时，切口要平滑。

## 水培多肉，看根的生长

多肉植物除了可以盆栽外，还可以进行水培。水培的多肉，可以省却很多有关泥土的烦恼，是近年来颇为流行的时尚玩多肉的方法。水培时，剪取一段多肉植物的顶茎或一片叶片，插于河沙中，待长出白色新根后再水培。水培时不需整个根系入水，可留一部分根系在水面上，这样更有利于多肉植物的生长。春秋季水中加营养液，夏季和冬季用清水即可。

▲ 水培条纹十二卷时根不要全部浸入水中。

## 玻璃杯子，让多肉晶莹剔透

给多肉植物罩上玻璃杯子，为它们营造一个与大棚相似的生长环境，使得温差变大，相对湿度较高，可以让多肉更容易长得晶莹剔透。此外，罩上玻璃杯子还可以防止多肉植物在盛夏期间被强烈的阳光晒伤。当然，除了玻璃杯子外，还可以选择塑料杯子和保鲜薄膜。相较而言如果选择塑料杯子，由于其密闭性不算很好，可以不用每天打开通风，其他两种方式都需要每天打开一次，帮助多肉植物通风。需要注意的是，并不是所有的多肉都适合此种方法。一般而言，有窗口的多肉植物比较适宜采取此种闷养方法，比如玉露、寿等。

## 小锤子轻轻敲，换盆不用愁

在给多肉植物换盆时，有时会遇到根系贴盆壁过紧，无法顺利将多肉植物取出的情况。此时，切忌用蛮力将多肉植物取出，否则很容易损伤根系。可以用橡皮锤子敲击盆壁，等盆土有所松动后，再将多肉植物取出。

## 土壤湿润度，竹签来解决

浇水问题是困扰很多多肉爱好者的大问题，都说见干就浇，但如何判断土壤是否干燥，难倒了很多爱好者。其实一根小小的竹签就能帮助你，轻松判断土壤干湿程度。挑选一根长度与多肉盆器相适合的干燥竹签，将其从盆器边缘插入土中。抽出时，若竹签上粘有泥土，说明土壤是湿润的，反之，则是干燥的。

## 好看老桩，快速生成

老桩是指生长多年，有明显木质化的主干和分枝的多肉植物。很多景天科的多肉植物都能够经过长时间的生长出现老桩。为了缩短出现老桩的时间，可以采用让多肉植物徒长的方式，即减少日晒时间，增加浇水量，使多肉植物茎秆生长变长。等到茎秆长到一定长度时，可以将下面的叶子全部摘去，仅余顶端的数片叶子，摆放在阳光充足的地方充分日照，1年左右茎秆就可木质化，变成老桩。但此种方法不利于多肉健康，一般不建议采用。

▲ 姬胧月老桩配以白色瓷瓶更具观赏价值。

## 一个塑料盖，让播种更轻松

将多肉的成熟种子点播到盆器中后，可以在盆器上盖上一个塑料盖。每天打开塑料盖一次，或是在盖上戳几个小孔，这样既有利于种子通风，又可以加快种子发芽的时间。如果没有合适的塑料盖，也可以用薄膜代替。

▲育苗盒是提高多肉播种成功率的好帮手。

## 几块瓦片，打造更舒适的盆器

在挑选多肉植物盆器时，一般而言会选择排水、透气性能都较好的盆器。但如今人们更偏向于选择很多造型、外观漂亮的盆器，而忽视了盆器的排水、透气功能。对于此类盆器，可以在栽种多肉时，在盆底垫上一些瓦片，以利于排水与透气。

## 好水养出好多肉

水对于多肉植物来说至关重要，选择适合多肉植物的水可以让它们更加健康地成长。浇灌多肉植物的水必须清洁，不含任何污染或有害物质，忌用含钙离子、镁离子过多的硬水。日常生活中人们多用自来水浇灌多肉植物，自来水中含有少量的氯气等有害物质，以及一些杂质，因此自来水并不适合直接浇灌多肉植物。可以将自来水摆放1~2天，然后取上层的自来水浇水。

▲在好水下生长的绿凤凰缀化，叶色青翠葱郁。

雨水作为大自然的自然降水，能很好地浇灌多肉植物。但大多数多肉植物都害怕直接雨淋，直接的雨淋会让多肉叶片上留下难看的痕迹，甚至导致积水烂根。因此想要用雨水浇灌多肉，可以在下雨时用碗或盆接取适量的雨水，再用接取的雨水对多肉浇灌。

此外，淘米水也可以用来浇灌多肉植物。淘米水中含有丰富的营养成分，但淘米水并不能直接浇灌多肉，淘米水只有在腐熟、发酵后才能用来浇灌。

另外，还需要注意浇水的水温。浇水的水温不宜太低或太高，以接近室内温度为宜。

## 手套加绳索，给有刺的多肉换盆

仙人掌属、仙人球属中的很多多肉植物球体密布坚硬的刺，换盆时常常让人不知道该从何下手。中、小型的多肉植物，可以戴上厚质的帆布手套直接操作，避免手被锐刺扎伤。而球体较大的多肉植物，可以选用绳索作为工具。先将绳索对接，打成绳圈，然后套在球体基部，勒紧，保持两端对称、平衡。同时小铲深挖盆土，松动根系，提拉绳索，球体就顺利脱盆。

▲ 遮阳网下生长的多肉植物。

## 遮阳网，为你的多肉遮阴

对于养多肉的大户来说，阳台上露养的多肉植物搬来搬去实在麻烦，可是到了夏天阳光太过强烈，很可能把多肉植物晒伤，因此可以选择在阳台上装一个可以收拉的遮阳网，帮助多肉们遮阴。

## 小石子，支撑多肉促开花

不要小看那些铺面用的小石子，它们也能起到很大的作用。盆栽后在盆面铺上一层白色小石子，既可降低土温，又能支撑株体，提高欣赏价值。例如在种植生石花属的多肉植物时，因为其根系较浅，就可以选择一些小石子铺面。而如果选择的是一些深色的小石子，还能够提高盆土温度，促进某些种属的多肉植物在秋季开花。

# 附录 多肉爱好者，懂一点专业术语

▲ 市面上受欢迎的多肉植物。

## 多肉植物（succulent plant）

又称肉质植物、多浆植物，为茎、叶肉质，具有肥厚贮水组织的观赏植物。茎肉质多浆的如仙人掌科植物，叶肉质多浆的如龙舌兰科、景天科、大戟科等多肉植物。多肉植物的爱好者也喜欢简称其为“肉肉”。

▲ 景天科。

## 科名（family）

植物分类单位的学术用语，凡是花的形态结构接近的一个属或几个属，可以组成植物分类系统的一个科。如景天科由30个属组成。

▲ 生石花属。

## 属名（genus）

植物分类单位的学术用语，每一个植物学名，必须由属名、种名和定名人组成。每一个属下可以包括一种至若干种。

▲ 库拉索芦荟。

## 种名（species）

植物分类单位的学术用语，又叫学名，每一种植物只有一个学名。在属名之后，变种或栽培品种名之前。例如芦荟（*Aloe vera var. chinensis*），其中*Aloe*为属名，*vera*为种名，*var. chinensis*为变种名。

▲ 狂刺金琥。

## 变种（variety）

物种与亚种之下的分类单位。如仙人掌科中的类栉球就是栉刺尤伯球的变种，狂刺金琥是金琥的变种等。

▲ 鬼甲牡丹。

### 濒危植物

（endangered plant）

是指在生物进化历程中濒临灭绝的植物。其种群数目逐渐减少乃至面临绝种，或其生境退化到难以生存的程度。如小花龙舌兰、皱叶麒麟等都是濒危植物中的一级保护植物。

▲ 椭叶木槿。

### 茎干状多肉植物

（caudex succulent）

植物的肉质部分主要在茎的基部，形成膨大而形状不一的肉质块状体或球状体。如京舞伎、椭叶木棉、光堂等。

▲ 百岁兰。

### 雌雄异株

（heterothallism）

指单性花分别着生于不同植株上，由此，出现了雄株和雌株之分。

▲ 群波。

### 两性花

（hermaphrodite flower）

一朵花中，兼有雄蕊群和雌蕊群。大多数多肉植物为两性花，开花后都能正常结实。

▲ 金琥。

### 单生

（simple, solitary）

指植株茎干单独生长不产生分枝和不生子球。如仙人掌中的翁柱和金琥。

▲ 松霞。

### 群生

（clustering）

指许多密集的新枝或子球生长在一起。如仙人掌中的松霞，多肉植物中的西之塔等。

休眠（dormancy）

植物处于自然生长停顿状态，还会出现落叶或地上部分死亡的现象。常发生在冬季和夏季。

◀ 休眠的山地玫瑰。

▲ 夏型种，唐印锦。

夏型种

（summer type）

生长期在夏季，而冬季呈休眠状态的多肉植物，称之为夏型植物或冬眠型植物。主要是开花的时间在夏季。这里的夏季指多肉在原产地的夏季气候，如果天气太热，多肉依旧会休眠。

▲ 生石花。

冬型种

（winter type）

生长期在冬季，而夏季呈休眠状态，称之为冬型植物或夏眠型植物。这里的冬季是指多肉在原产地的冬季气候，如果天气太冷，多肉依旧会休眠。

▲ 嘴状苦瓜。

攀缘茎

（climbing stem）

依靠特殊结构攀缘它物而向上生长的茎。如景天科中的极乐鸟，葫芦科的嘴状苦瓜、睡布袋等。

▲ 气生根。

气生根

（aerial roots）

由地上部茎所长出的根，在虹之玉、梅兔耳的成年植株上经常可见。

▲ 姬玉露。

软质叶

（soft leaf）

多肉植物中柔嫩多汁、很容易被折断或为病虫所害的有些种类的叶片。一般称其为软质叶系，如十二卷属中的玉露等。

▲ 琉璃殿锦。

硬质叶

（thick leaf）

指多肉植物中一些叶片肥厚坚硬的种类。一般称其为硬质叶系，如十二卷属中的琉璃殿、条纹十二卷等。

莲座叶丛（rosette）

指紧贴地面的短茎上，辐射状丛生多叶的生长形态，其叶片排列的方式形似莲花。如景天科的石莲花属、风车草属等。

◀ 莲花掌属的花叶寒月夜。

▲ 不夜城。

叶齿

（leaf-teeth）

常指多肉植物肥厚叶片边缘的肉质刺状物。常见于百合科芦荟属植物，如不夜城、不夜城锦、翡翠殿等。

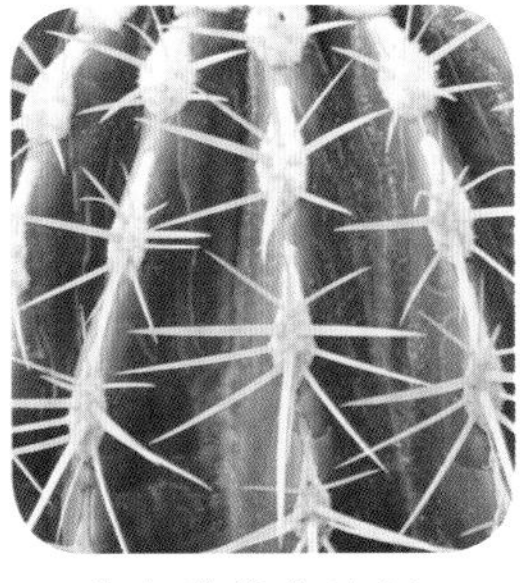

▲ 仙人掌植物的刺。

叶刺

（leaf thorn）

由叶的一部分或全部转变成的刺状物，叶刺可以减少蒸腾并起到保护作用。如仙人掌科植物的刺就是叶刺。

▲ 潘氏冰灯。

窗（window）

许多多肉植物，如百合科的十二卷属，其叶面顶端有透明或半透明部分，称之为“窗”。其窗面的变化也是品种的分类依据。

▲ 屋卷绢。

吸芽

（absorptive bud）

又叫分蘖(*niè*)，是植物地下茎的节上或地上茎的腋芽中产生的芽状体。如长生草、石莲花等母株旁生的小植株。

▲ 喷火龙缀化叶痕。

叶痕

（leaf scar）

叶脱落后，在茎枝上所留下的叶柄断痕。叶痕的排列顺序与大小，可作为鉴别植物种类的依据。

◀ 白牡丹。

## 杂交（hybridization）

使两种植物杂交以便获得具两种亲本特性的新品种的行为。例如白牡丹为石莲花属与风车草属的属间杂交品种。

▲ 精巧殿接在量天尺上。

## 嫁接（grafting）

把母株的茎、疣突或子球接到砧木上使其结合成为新植株的一种繁殖方法。用于嫁接的茎、疣突或子球叫作接穗，承受接穗的植物称为砧木。

▲ 火龙果也可做砧木。

## 砧木（stock）

又称台木。植物嫁接繁殖时与接穗相接的植株。在仙人掌植物的嫁接中，普遍使用量天尺做砧木，多肉植物则常采用霸王鞭做砧木。

▲ 叶插幼苗。

## 叶插（leaf cutting）

将多肉植物叶片的一部分插于基质中，促使生根，长成新的植株的一种繁殖方法。

▲ 不死鸟锦。

## 更新（renewal）

通过修剪手段，包括重剪和剪除老枝等办法，促使新的枝条生长。

▲ 肉锥花属植物晾根。

## 晾根（air-cured root）

当土壤过湿和根部病害，导致多肉植物发生烂根，出现黄叶时，可将植株从土壤中取出，把根部暴露在空气中晾干，利于消灭病菌和恢复生机。

◀ 花月锦。

锦（variegation）

又称彩斑、斑锦。茎部全体或局部丧失了制造叶绿素的功能，而其他色素相对活跃，使茎部表面出现红、黄、白、紫、橙等色或色斑。在品名写法上常用*f. variegata*或‘*Variegata*’。

▲ 萨凯缀化。

缀化（fasciation）

或称冠，是一种不规则的芽变现象。这种畸形的缀化，是某些分生组织细胞反常性发育的结果，其学名的写法上常用*f. cristata*或‘*Cristata*’。

▲ 醉美人缀化。

冠状（cristate）

叶部、茎部或花朵呈鸡冠状生长，又称鸡冠状，如绯牡丹缀化、醉美人缀化。

▲ 芽变，富士凤凰。

芽变（bud mutation）

一个植物营养体出现的与原植物不同、可以遗传并可用无性繁殖的方法保存下来的性状。如多肉植物中的许多斑锦和扁化品种。

▲ 特玉莲突变。

突变（mutation）

指植物的遗传组织发生突然改变的现象，使植株出现新的特征，且这种新的特征可遗传于子代中。多肉植物还可以通过嫁接方法把新的特征固定下来。

▲ 山地玫瑰黄化。

黄化（yellowing）

指植物由于缺乏光照，造成叶片褪色变黄和茎部过度生长的现象。

# 全书植物拼音索引

155

# 全书植物科属索引

凤凰汉竹

汉竹主编●健康爱家系列

《新手四季养花》

**定价: 29.80元**

**王意成　编著**

这是一本能让养花新人快速上手的实用读本，给你养花不败的指导。本书收录了适合春、夏、秋、冬四季栽培的80种热门常见花卉，教会你每种花草的养护要点，击破常见难题，帮助你的爱花平安度过一年四季，常伴你身边。

**《新手养猫：从行为解读到温暖相伴》**

**定价：68元**

**猫医生的小黑板　编著**

公益组织它基金、领养平台宠物帮联合推荐的零基础养猫百科。从猫咪回家前的准备工作到帮助猫咪适应新环境，从行为解读到科学喂养……让你与猫咪从温暖邂逅，到共度静好岁月。附赠四张萌猫书签，扫描二维码，可看猫医生视频课。

新手养多肉
零失败